新版

地球の科学

変動する地球とその環境〈Ⅰ〉

佐藤　暢　Hiroshi Sato

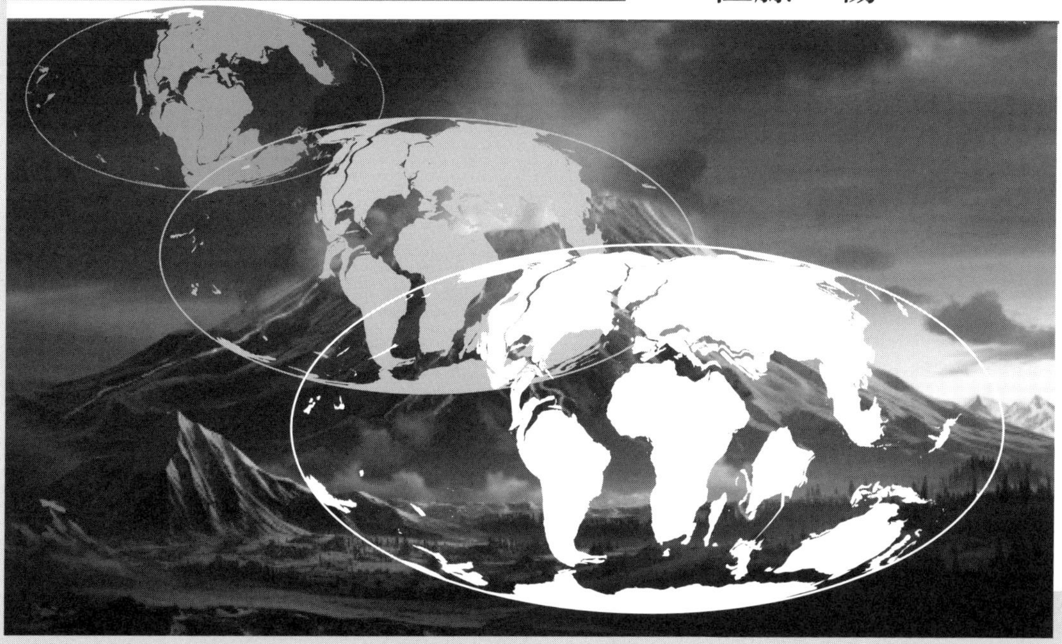

An introduction to Earth Science

本書内で掲載された図は二次元バーコードで読み取れるとともに、北樹出版のウェブサイト（http://www.hokuju.jp/earthscience/）からもアクセスできるようになっている。参考にして有効に活用いていただきたい。

はじめに

本書は、専修大学で自然科学系の教養科目として開講されている「宇宙地球科学 201」および「宇宙地球科学 202」の講義メモを基に発展させたものである。「宇宙地球科学 201」では主に現在の地球、特に固体地球で生じている地震や火山噴火といった現象を理解することを目的とし、プレートテクトニクスを中心に論じている。一方で「宇宙地球科学 202」は、地球温暖化に代表される現在の地球環境を理解することを目的に、地球史と地球環境の変遷について論じている。本書の第 1 章から第 4 章までが固体地球科学、第 5 章から第 7 章が地球史・環境変動を扱った内容となっている。第 8 章には過去と現在にまたがるような応用的な内容を集めた。また、地球科学の理解に必要な他分野の内容を付録として簡単にまとめた。講義回数の制約や専修大学で開講されている他の科目との関連から、一般的な地学の内容のうち、大気や海洋、宇宙、天文については講義でほとんど扱っておらず、本書でも触れていない。また、付録の内容は最小限の記述にとどめている。それらの詳細はそれぞれの分野の教科書を手に取って学習して欲しい。

2003 年に専修大学に着任した当時の担当科目は「地球と宇宙の科学 B」という通年 4 単位の科目であったが、数年前から半期 2 単位ずつの科目に改編された。講義メモも形式的に 2 つに分割したが、本書ではあえて 1 冊にまとめた。それは「現在は過去を解く鍵」であるから、現在の地球で生じている現象の理解が過去の地球環境を考える上でも重要なためである。逆に、過去に生じたできごとをできるだけ詳細に研究し、理解することは、現在、そして将来を考える上でも重要である。

専修大学に着任して、教養科目を受けもつことになった時、教科書を指定したこともあったが、高校で理科に触れる機会の少ない人文・社会系の学生からはやや難解との評価を受けた。書店に並ぶ教科書は、たとえ入門書と銘打っていても、やはり理系の学生や将来地球科学を専攻する学生に向けたものが多い。ここ数年、良質の啓蒙書がたくさん出版されているが、トピックスを紹介することが目的であることから、参考書としては十分であるが、系統的に地球科学について学ぶ場合の教科書としては使いにくい面もあった。そこで、重要な図表を中心に、自習のための説明文を付したものを「講義メモ」として配布して来た。地震や火山噴火、環境変動に関する話題などは毎年新しい成果が発表されるし、受講する学生の基礎知識なども年々変化するので、講義メモ形式は臨機応変に対応できる意味で良い仕組みであった。

あくまで受講生に向けた講義メモであり、刊行の予定など無かったのであるが、今回、北樹出版の木村慎也さんから出版のご提案をいただいた。類書はたくさん出版されているので、意義があるだろうかと逡巡したが、様々な出版物があるほうが、地球科学に興味をもつ方が少しでも増えるだろうと考え、出版物としての体裁を整えることになった。講義では、受講学生が、受講後に岩波「科学」や

「日経サイエンス」などの科学雑誌や新聞の科学面を読んだり、NHK などでの特集番組をみて理解できることを目標にしている。本書の意図もほぼ同じであるので、教科書として読みとおすだけではなく、より進んだ学習の際の基礎的な知識の確認に用いていただきたい。

本書に掲載した図表は、なるべく原著にあたり、教科書用に加筆修正をした。データが公表されている場合はそれらを用いてグラフ等を書き直した。地形図などは Generic Mapping Tool（GMT：Wessel, P. & W. H. F. Smith, 1991）Version 4.4.0 を用いて作図した。また、出版にあたり、共同研究者でもある佐藤太一博士（産業技術総合研究所）と元ゼミ生の北澤陽さん（長野県フレンド保育園）には、お忙しいところ原稿を読んでいただき、重要なご指摘と貴重なご意見を賜った。佐藤太一博士と野木義史教授（国立極地研究所）には未公表データの利用をご承諾いただいた。株式会社北樹出版の木村慎也さんには、著者の筆の遅さのために、多大なご迷惑をおかけした。以上の方々に深く感謝致します。

巻末に挙げた引用文献・参考文献のほか、多くの共同研究者との議論を参考に執筆したが、本書に誤りがあればすべて筆者の責任である。「洛陽の紙価を貴む」ことは無いと思うが、この本が少しでも多くの方の役に立つことがあれば幸いである。

2013 年 9 月

佐藤　暢

新版にあたって

初版発行から 10 年、改訂版発行から 6 年が経った。自然災害の起きない年はなく、2018 年には大阪北部地震、北海道胆振東部地震、2024 年には能登半島地震が発生し、多数の被害をもたらした。また、2021 年には小笠原諸島の海底火山「福徳岡ノ場」で火山噴火が発生し、軽石が日本の沿岸各地に漂着し、漁業などに大きな影響を与えたことも記憶に新しい。海外でも自然災害による多くの被害が発生しており、「変動する地球」への深い理解がますます重要になっている。

また、2020 年からは新型コロナ感染症が世界的に流行し、あらゆる面で制約・制限を受けた。大学でも、教室での対面授業が行えず、オンライン授業が続いたが、今になって思うと、そのような授業形態が教室外での学修や ICT を用いた学修を促したようにも思える。今回、そのような学修形態に対応するために、改訂版以降に変更された内容の修正のみならず、これまでの受講者からの質問なども踏まえて、内容の充実を図り、「地震・火山」に関する内容と「地球史・地球環境」に関する内容について分冊した。また、図に関してはオンラインでも閲覧できるようにし、図の横に二次元バーコードを掲載し、デジタルデバイスからのアクセスを容易にした。旧版、改訂版に引き続き、株式会社北樹出版の木村慎也さんには大変お世話になった。深く感謝いたします。

2024 年 4 月

佐藤　暢

CONTENTS

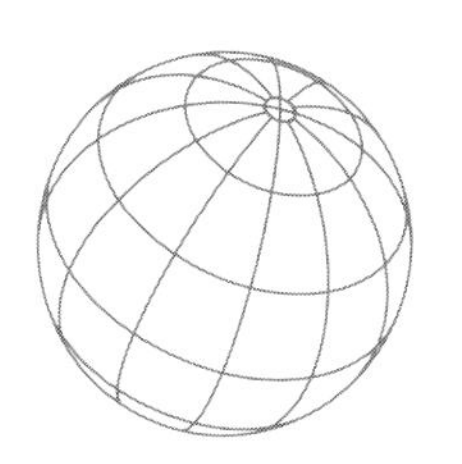

新版 地球の科学

変動する地球とその環境〈I〉

1 惑星地球の概要

CHAPTER

1 太陽系の概観

太陽系は太陽を中心として8つの惑星と準惑星[(1)]、彗星や小惑星などの太陽系小天体といった天体のほか、惑星を回る衛星で構成されている。惑星とは、「(a) 太陽の周りを回り、(b) 十分大きな質量をもつために、自己重力が固体に働く他の種々の力を上回って重力平衡形状（ほとんど球状の形）を有し、(c) その軌道の近くでは他の天体を掃き散らしてしまいそれだけが際だって目立つようになった天体である」と2006年の国際天文学連合総会において定義された[(2)]。地球も太陽系を構成する惑星の1つである。太陽系の歴史は約50億年前の太陽の誕生によって始まった。まず、宇宙空間を漂っていた星間ガスが凝縮し、その中心に原始太陽が形成された。その後、惑星は太陽の形成の基となった星間ガスが冷却して作られた微惑星が集合・合体して形成されたのである。その際、原始太陽からの距離によって大きく2つのタイプの惑星が作られることとなった（図1-1）。太陽の近く、氷が蒸発してしまう領域で、岩石質の微惑星を主体として形成されたのが地球型惑星であり、水星、金星、地球、火星がそれに分類される。一方で、太陽から遠い軌道では星間ガスから岩石のほか、氷やガスが凝縮し惑星を形成した。これが木星型惑星[(3)]とよばれるもので、木星、土星、天王星、海王星がそれに分類される。最近では、主にガスから構成されている木星と土星を木星型惑星（または巨大ガス惑星）、主に氷で構成されている天王星と海王星を天王星型惑星（または巨大氷惑星）と区別することもある。

海王星よりもさらに外側の、太陽からおおよそ30ないし50天文単位[(4)]の領域は、太陽系外縁部とよばれ、エッジワース・カイパーベルト天体などが存在している。エッジワース・カイパーベルト天体としてもっとも大きいのもが冥王星である。さらにその外側、太陽から約5万天文単位程度の領域で球状に太陽系を取り囲むオールトの雲という構造が推定されている。周期の長い彗星はここを起源としていると考えられている。

地球に代表される地球型惑星はいずれも岩石質の表面をもっており、中心部

(1) 2006年の国際天文学連合総会において、冥王星Plutoは惑星の定義に該当しないと判断された。準惑星としてはほかにセレス、エリス、マケマケ、ハウメアがある（http://www.nao.ac.jp/new-info/planet.html）。

(2) 国立天文台 アストロ・トピックス No.233、2006年08月24日（http://www.nao.ac.jp/nao_topics/data/000233.html）

(3) 中心部には高圧状態の岩石や金属からなる固体の部分があると考えられている。

(4) 天文単位（au：astronomical unit）とは、太陽と地球の平均距離を1とする距離の単位。1au = 149,597,870kmと定義されている。

には金属からなる核（コア）とよばれる層を有するという特徴がある。しかしながら、それ以外の点では、地球とそれ以外の地球型惑星には大きな違いがある。第一に地球の表面は海に覆われている。H_2Oとしての水は他の惑星にも存在するが、惑星の通常の温度や圧力の範囲内でそれが液体として安定して存在できることが地球の大きな特徴となっている。第二に、地球には大陸が存在する。大陸は単に地形的に周囲から盛り上がった部分ではなく、花崗岩質[5]の岩石で構成されている。海底を作っているような玄武岩質の岩石は他の惑星にもみられるが、花崗岩質の岩石からなる大陸の存在は地球以外の惑星ではみつかっていない。第三に、地球には活発な火山活動や地震活動、造山運動が認められる。火星にも太陽系最大の火山であるオリンポス火山があり、そのほかにも火山がある天体は地球以外にも存在する[6]が、それらの活動は非常に間欠的で数億年に一度という頻度でしか起こらないと考えられている。一方、地球ではほとんど毎日のように地震が起き、数年に一度はどこかの火山で噴火が生じている。このような現象は地球に特有なプレートテクトニクスとよばれるメカニズムによって引き起こされる。最後に、地球には生命が存在する。これまで生命の存在が確認されている天体は、地球だけである。

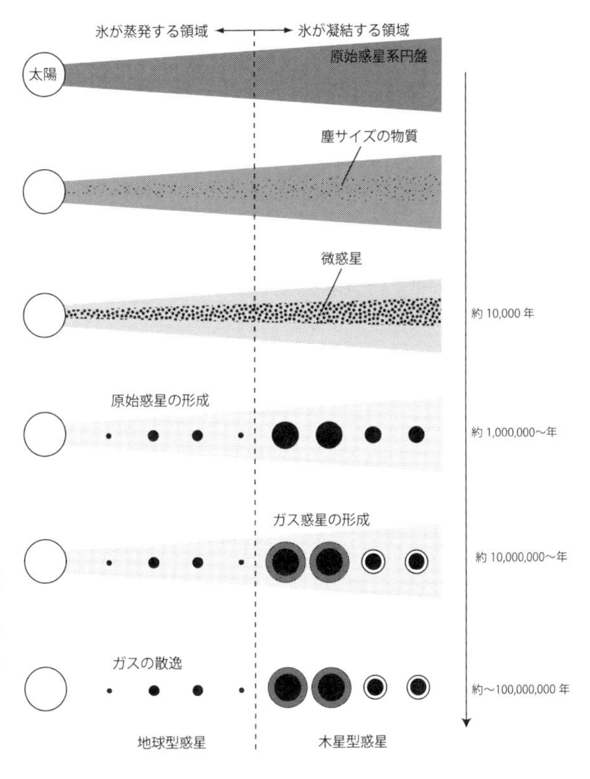

図 1-1　太陽系の形成モデル
平（2001）および中川（2010）による太陽系形成の「京都モデル」の解説を参考に作成。

(5) 厳密な意味での花崗岩だけでなく、それ由来の堆積岩など、成分が花崗岩に近い岩石を総称して「花崗岩質の岩石」とよぶ。
(6) 木星の衛星のイオ（Io）には活火山がある。

2 惑星地球の概観

地球は太陽の周りを約 365 日かけて公転している。平均的な距離は約 1 億 5,000 万 km[7] であり、軌道はほぼ円に近い[8]。太陽形成直後の約 46 億年前に地球も形成されたと推定されている。衛星を 1 つ有しており、それは月とよばれる。月は、太陽系内の衛星としては非常に大きく、原始地球に現在の火星程度の大きさの天体が衝突したことによって形成されたと考えられている。

地球はほぼ球体であるが、やや赤道方向に膨らんだ形をしている。赤道半径は 6,378 km であり、極半径は 6,356km である。固体表面（すなわち陸と海底）の最も高い地点はエベレストの山頂で標高 8,848m である。逆に最も低い（深

(7) 地球は太陽の周りを楕円軌道で回っているので、太陽に最も近いときで約 1 億 4,700 万 km、最も遠い時で約 1 億 5,200 万 km である。
(8) 実際は楕円軌道である。

い）部分は、グアム南方の海底で水深約 11,000m である。それ以外にも陸や海底にはさまざまな起伏があるが、それらはこの 20km の範囲内に収まる。

質量は地球全体で 5.974×10^{24} kg、質量と体積から求められる地球全体の平均密度は 5.520 g/cm^3 である。平均密度は地球型惑星で最も大きい値となっている（表 5-1）。ところが地表（や海底）といった私たちの身近な場所にある岩石や地層の密度はおおよそ 3 g/cm^3 である。このことは、私たちの身近ではないところに、より密度の大きな物質が分布していることを示している。

表面積は 5.10×10^8 km^2 であるが、そのうち 3.61×10^8 km^2 が海で、1.49×10^8 km^2 が陸である。日常的には、満潮時にも海水に覆われていない部分を陸とよぶ。ところが岩石や地層の分布を調べると、日常的な意味での陸と海の境界を越えて、陸の岩石や地層が海（海底）に続いていることが多い。陸の周辺に広がる、水深約 200m 程度までの浅瀬である大陸棚がその一例で、大陸棚は海水には覆われているものの、物質的には陸の延長として捉えられている(9)。

地球は「水の惑星」ともいわれるように、液体の H_2O、すなわち水(10) の存在は地球を特徴づける物質といえる。地球上で水はさまざまな形で存在している。最も多いのが海洋に存在する水、すなわち海水で、地球上の水の約 98% が海水として存在している。氷雪としての水は約 1.8%、地下水は 0.73%、湖沼水（0.016%）、土壌水（0.0018%）となっており、水蒸気（気体）としては、河川水や大気中にごくわずかな割合を占めるのみである。

海水は約 40 億年前までには存在していたと考えられている。その証拠としては、グリーンランド島・イスア地域に分布している、約 38 億年前の堆積岩が海水の作用によって形成されたものであることが挙げられる。さらに、年代測定や同位体組成分析の結果、オーストラリア・ジャックヒルズ地域の地層に含まれるジルコンとよばれる鉱物は、約 42 億年前に海水の存在するような環境で形成されたことが判明し（バレー、2006）、地球形成直後に海が存在したことは確実視されている。

(9) 地形的な意味での陸、すなわち「満潮時にも海面から出ている部分としての陸」と地層や岩石の連続性で捉えられる「地質的な陸」を区別して考えることが必要である。その点は次節で述べる。なお、大陸移動説（第 2 章）を提唱したウェゲナーは、その著書のなかで、地形的な「大陸」と地質的な「大陸塊」として区別した。

(10) まわりくどい表現ではあるが、日本語では、H_2O という化学式で表される物質を水とよび、その液体も水とよぶ。そのため、化学的な意味での水と物理状態としての水を区別する必要がある。固体の H_2O は氷、気体の H_2O は水蒸気である。

1. 地球の形と大きさ

地球が球体、すなわち丸いことは古代ギリシャでは明らかになっていたようである。古代ギリシャの哲学者であったアリストテレス(11) は、地球の影が月に映る現象である月食の際に、その形が円であることから、地球の形が球であると考えた。また、南北に移動すると北極星の高度や見える星空が変化することからも球であることが推定される。

エラトステネス(12) は、自身の住むアレクサンドリアでは夏至の日には地面に立てた棒に影ができるのに対して、シエネ（現在のアスワン）では夏至の日

(11) 古代ギリシアの哲学者。紀元前 384 年—紀元前 322 年。

(12) エジプトで活躍したギリシア人の学者。特に天文学や数学の分野での貢献が大きい。紀元前 275 年—紀元前 194 年。

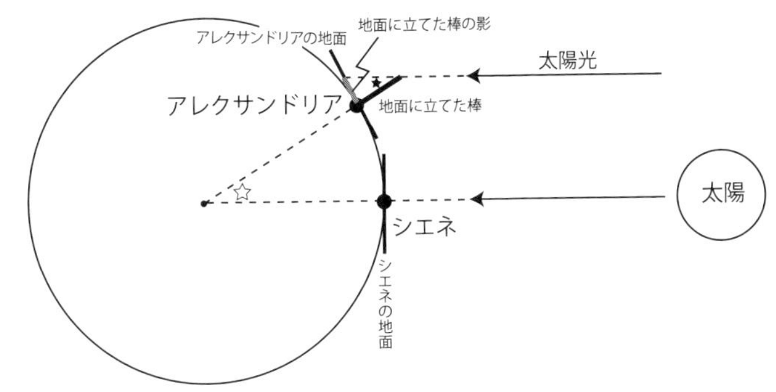

図 1-2　エラトステネスによる地球の計測方法の概念図

太陽は地球に対して十分に遠い場所にあるため、太陽光は地表に平行な光線として届く。

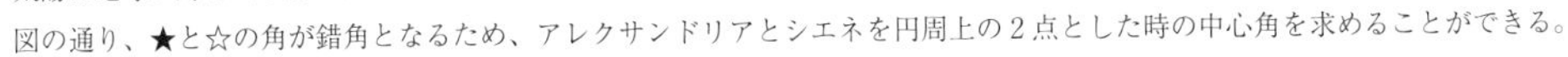
図の通り、★と☆の角が錯角となるため、アレクサンドリアとシエネを円周上の２点とした時の中心角を求めることができる。

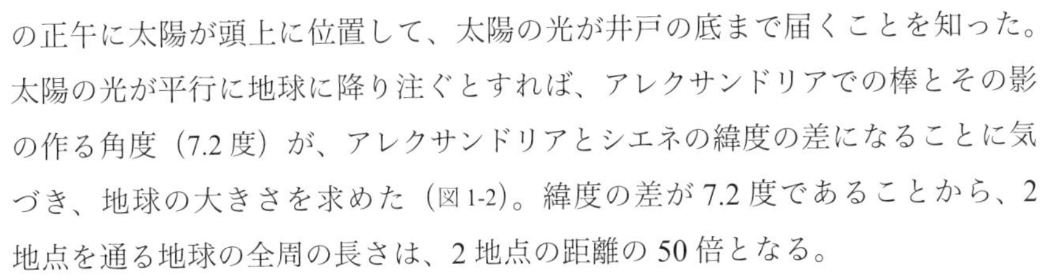
の正午に太陽が頭上に位置して、太陽の光が井戸の底まで届くことを知った。太陽の光が平行に地球に降り注ぐとすれば、アレクサンドリアでの棒とその影の作る角度（7.2 度）が、アレクサンドリアとシエネの緯度の差になることに気づき、地球の大きさを求めた（図 1-2）。緯度の差が 7.2 度であることから、2 地点を通る地球の全周の長さは、2 地点の距離の 50 倍となる。

伊能忠敬[13] は、緯度 1 度の距離を求めることを目的に各地で測量を行った。彼は各地で恒星の南中高度を測定し、そこから北極出地度（緯度）と距離を正確に測定した。彼の測量結果によると、深川（東京都江東区）と野辺地（のへじ）（青森県上北郡）での緯度の差は 5.2 度、距離は 146.6275 里（575.85 km）であった。

18 世紀のフランス科学アカデミーが実施した赤道付近と北極付近の精密な測量により、緯度 1 度の長さは赤道付近より北極付近が長いと求められ、地球の形が真球ではなく赤道付近が膨らんだ回転楕円体であると判明した[14]。

(13) 江戸時代の商人にして天文学者、地理学者。下総国香取郡佐原村で商人であったたが、50 歳から江戸に移り、幕府天文方の高橋至時の弟子となり天文学などを学ぶ。1800 年からの蝦夷地（北海道）測量を皮切りに日本全国の測量を行う。1745 年―1818 年。

(14) この測量をもとに、1 メートルは「パリを通過する北極点と赤道をつなぐ子午線長の 1000 万分の 1」と定義された。

2. 地球の質量

地球の質量は次のような方法で求めることができる。

今、地球上で地面に向かって落下する物体の運動を考える（図 1-3）。

落下する物体に働く力、すなわち重力（F）は

$$F = mg \quad \cdots\cdots \text{式 (1)}$$

で表される。ここで m は物体の質量（kg）、g は重力加速度（m/s^2）である。

一方、すべての物体は互いに引力を及ぼし合っている。これを万有引力とよぶ。今、質量 m（kg）と M（kg）の 2 つの物体の間に働く万有引力（F）は、

$$F = G\frac{mM}{r^2} \quad \cdots\cdots \text{式 (2)}$$

となる。ここで、G は万有引力定数、r は 2 つの物体の距離（m）である。

ここで、m を地球上のある物体の質量、M を地球の質量、r を 2 つの物体の距

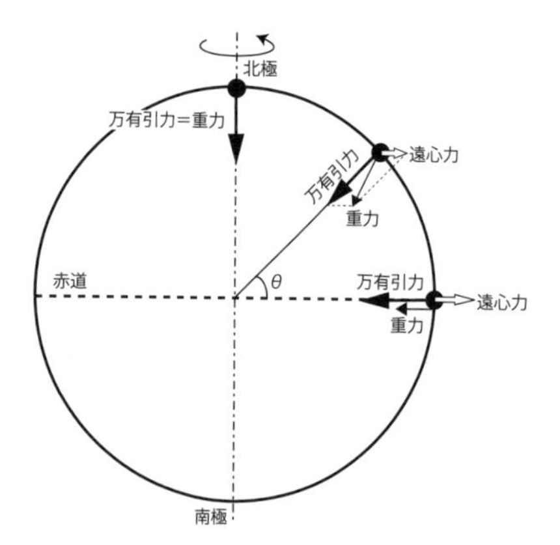

図 1-3　地球に働く重力、遠心力と引力（万有引力）の関係

離とする。地球上の物体は、地球のあらゆる部分から万有引力を受けている。これを計算すると、物体が受ける万有引力は、地球の全質量が地球の中心に集まっているとした時の大きさに等しい。したがって、地球と物体との距離は、たとえ地表近くに存在する物体と地球の間を計算する場合でも、地球の半径となる。

また、重力は、万有引力と遠心力の合力であり、遠心力は赤道で最も大きく、極（北極と南極）で 0 となる。したがって、極以外の場所では、厳密には万有引力＝重力ではないが、遠心力の最も大きい赤道付近でも、遠心力の大きさは万有引力の約 290 分の 1 という大きさなので、この計算では無視する。式（1）と式（2）の F は同じであるとみなせるので、

$$mg = G\frac{mM}{r^2} \quad \cdots\cdots 式（3）$$

を得る。式（3）を整理すると、

$$M = \frac{gr^2}{G} \quad \cdots\cdots 式（4）$$

となる。式（4）は地球の質量を求める式であることがわかる。G と r が既知であるとすると、g がわかれば地球の質量を推定することができる。

ガリレオ＝ガリレイ（Galileo Galilei 1564～1642年）は、ピサの斜塔の実験で有名であるが、「振り子」についての研究でも業績を残している。ガリレオは、振り子の周期（1 往復の時間）は、おもりの重さによらず、振り子の長さに関係することを見出した。振り子の周期（T：単位は秒）は、振り子の長さを ℓ（m）として、

$$T = 2\pi\sqrt{\frac{\ell}{g}} \quad \cdots\cdots 式（5）$$

で表される。式（5）を変形すると、次の式を得る。

$$g = \frac{4\pi^2\ell}{T^2} \quad \cdots\cdots 式（6）$$

式（6）から、振り子の長さと周期がわかれば、重力加速度が求められることとなる。

3 固体地球の表面

地球は、地表から下の固体の部分、地表よりも上部の大気層（気圏）、地表の

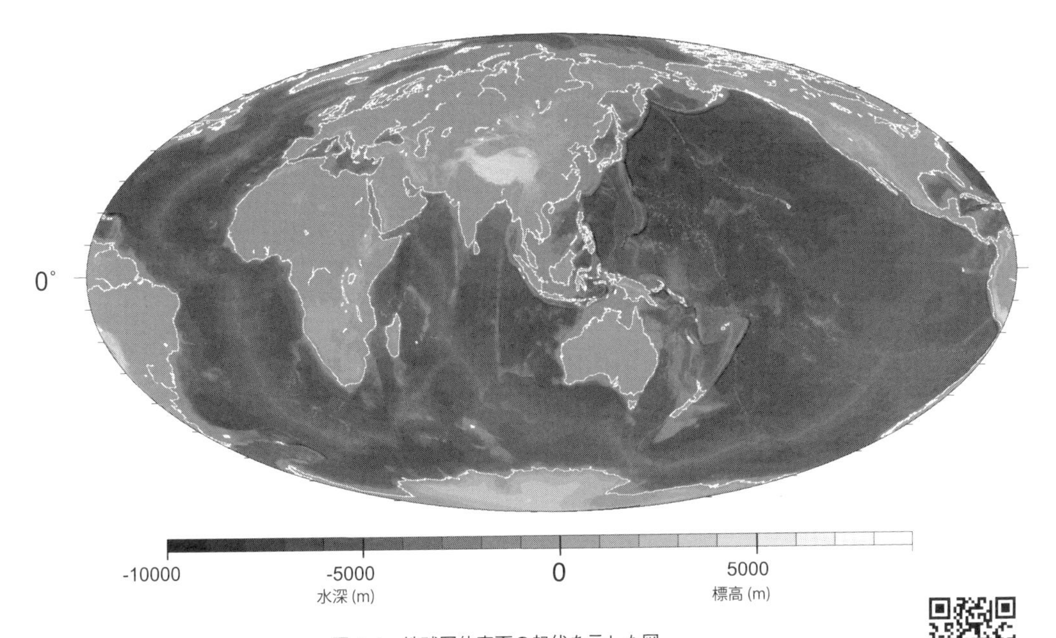

図 1-4　地球固体表面の起伏を示した図

アメリカ地質調査所の標高データなどの人工衛星データを用いて作成。

一部を覆っている液体層（水圏）で構成されている。地表から下の固体の部分を固体地球とよぶ。

図 1-4 は固体地球の起伏を示している。海では、固体地球の表面、すなわち海底はほぼ平坦で、同じ高さ（水深）が広がっていることがわかる。より深い部分は太平洋を取り巻く海域など限られた箇所に分布している。また、太平洋・大西洋・インド洋などの大洋のなかには、水深の浅い部分が帯状に広がっている。

一方、陸の部分は、アメリカのロッキー山脈や南アメリカのアンデス山脈、ヨーロッパアルプスからヒマラヤ・チベットにかけての地域で標高が高い。それに対して、南北アメリカ大陸の東側やヨーロッパの大部分では標高の低い部分が広い面積を占め、いわゆる平野を形成している。

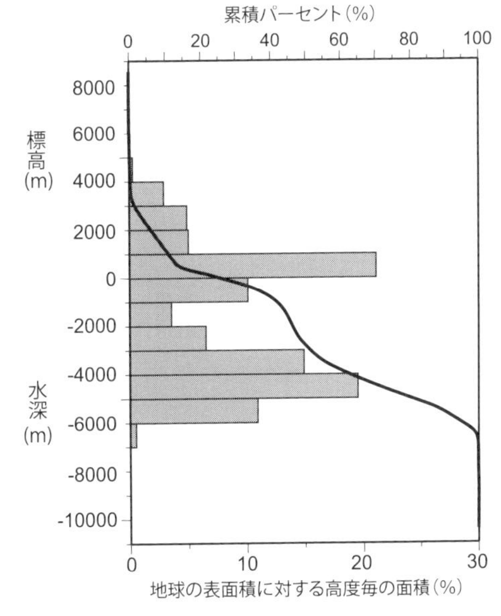

図 1-5　地球の高度分布

陸上では標高、海域では水深の 1000m ごとの面積の表面積に占める割合で示す。図 1-2 と同じ、人工衛星データを用いて作成。黒線は累積パーセントを示す。

図 1-5 は、地球の高度ごとの面積を表面積に対する割合で表したものである。この図から、地球には大きく 2 つの標高のピークが存在することがわかる。この様な標高分布を「バイモーダル [15] な分布」とよぶ。バイモーダルな分布は、2 つの異なる要素でその分布が構成されてい

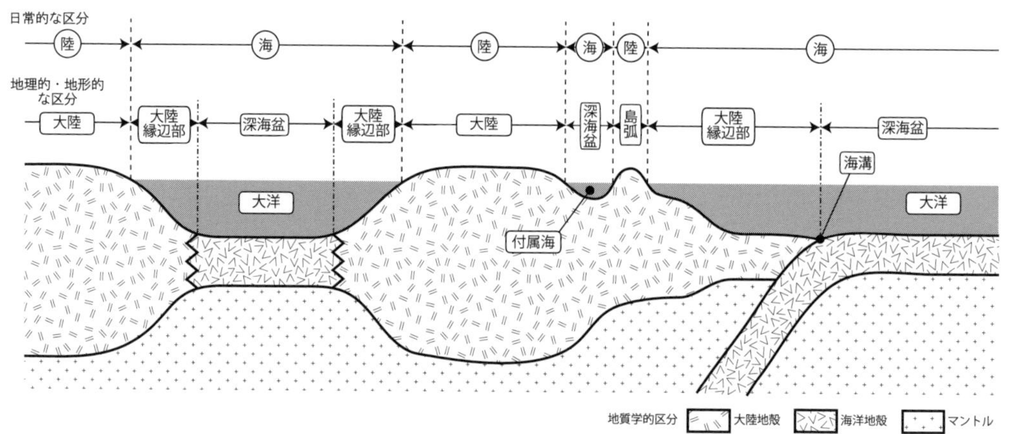

図 1-6　陸と海の地形区分の名称

日常的な区分と地形的な区分、地質的な区分は異なっている点に注意。

ることを意味している。この場合、陸と海を構成する物質や形成過程が異なっていることを反映していると考えられる。

「陸」と「海」という表現をしたが、日常的な用いられ方と地形的・地質的な使われ方では、指し示す範囲が異なっている（図 1-6）。海水に覆われているために日常的には「海底」とみなされる大陸縁辺には、陸上の地層や岩石が連続して分布しており、日常的な意味を越えて大陸として扱うことが妥当であろう。実際、図 1-5 の高度分布で、水深 1,000m から 2,000m の部分で占める面積はその前後の区間より小さくなっているが、その辺りが大陸（大陸＋大陸縁辺部）と深海盆の境界になっているからであろう。

(15)「バイ」というのは「2 つの」という意味で、「モーダル」というのは「モード（最頻値）」の形容詞である。日本語では「二峰性」ともよぶ。最頻値は、統計で用いられる代表値の 1 つであり、代表値としてはほかに平均値や中央値がある。

1. 大陸の形成年代とその様子

現在、陸を構成している地層や岩石・鉱物のなかで、最古のものとしては 38～44 億年前のものが知られているが、それらの分布は限られている。このことは、現在の地球にみられる陸地が一度に形成されたのではないことを意味している。図 1-7 は大陸の安定化した年代を示している。現在、大陸の内部にある安定陸塊[(16)] は、地震や火山の活動が少ない地域であるが、過去には、現在の日本列島のような火山活動が生じるなど激しい造山帯であったことが地層からわかる。そのような造山活動を経て、変動を受けない状況となったことを安定化とよぶ。安定陸塊の内部においても安定化は一度に生じたのではない。古い時代の地質帯がより新しい時代の地質帯に取り囲まれていることから、大陸が古い部分を核として、その周辺部で造山運動が生じ、大陸が次第に外側に成長していったことを示している。

(16) Craton：クラトン。安定地域ともいう。

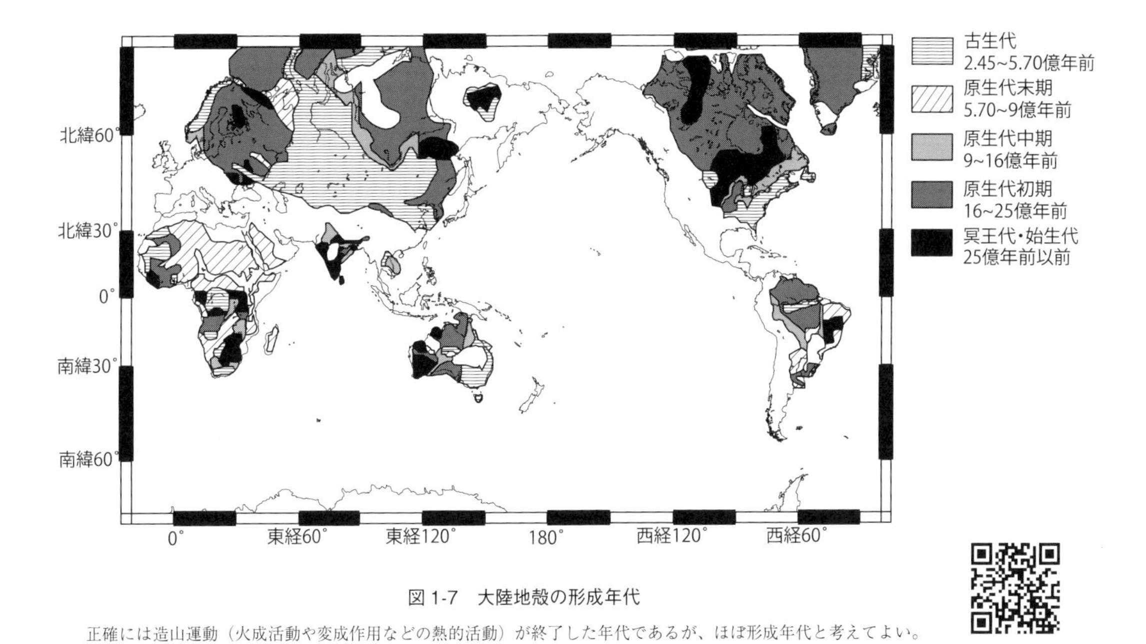

図 1-7　大陸地殻の形成年代

正確には造山運動（火成活動や変成作用などの熱的活動）が終了した年代であるが、ほぼ形成年代と考えてよい。アメリカ地質調査所のデータに加筆修正。模様のない部分は中生代（2 億 4,500 万年前）以降に形成された部分。南極大陸に関しては原図にデータがなく空白であるが、始生代頃からの地殻の存在が知られている。

現在、造山運動が生じているのが、日本列島を含む環太平洋造山帯とヨーロッパアルプスからトルコ、西アジアを経由し、ヒマラヤ山脈に至るアルプス・ヒマラヤ造山帯である。

2. 海底の形成年代とその様子

数十億年前という時代に形成された古い陸の部分があるのに対して、海底には最も古い部分でも約 2 億年以前の部分はない (図 1-8)。日本列島の南、グアム島の東の海底が現在の地球上で最も古い海底で、約 2 億年前に形成されたことが明らかになっている。

海底の地形は、陸に比べると起伏が少ないようにみえるが、そうではなく、高まりや凹地が存在している。海底の高まりである海嶺は、七島・硫黄島海嶺や九州・パラオ海嶺など日本列島の周辺にも多数分布している[17]。また大西洋やインド洋の中央部、太平洋の東部には海底火山山脈 (中央海嶺[18]) が走っている。海底の形成年代は中央海嶺で最も新しくなっている。一方、急峻な細長い凹地である海溝も存在する。日本列島の東側にある日本海溝や七島・硫黄島海嶺および小笠原海嶺東側の伊豆・小笠原海溝などは水深 7,000m を越える[19]。最も深い海溝は、グアムの南側にあるマリアナ海溝で水深約 11,000m である。日本列島周辺の海底地形図を図 1-9 に示す。

ハワイのように大洋の真ん中に存在する火山もある。海底地形図をよくみる

(17) 七島·硫黄島海嶺は伊豆七島を含む火山の作る高まり。九州·パラオ海嶺は約 4000 万～3000 万年前の火山活動で形成されたが、現在、火山活動はない。

(18) 海底を作り出す火山活動が生じている海嶺。大西洋の中央部や南アメリカの西の太平洋、南極大陸とオーストラリア大陸の間などに存在する。

(19) 海溝よりも浅い細長い凹地をトラフ (舟状海盆) とよぶ。トラフには 2 種類あり、1 つは四国南方の「南海トラフ」のように海溝と同様に沈み込みが生じているタイプ。もう 1 つはグアム西方の「マリアナトラフ」のように中央海嶺と同じく海底が作り出されているタイプである。

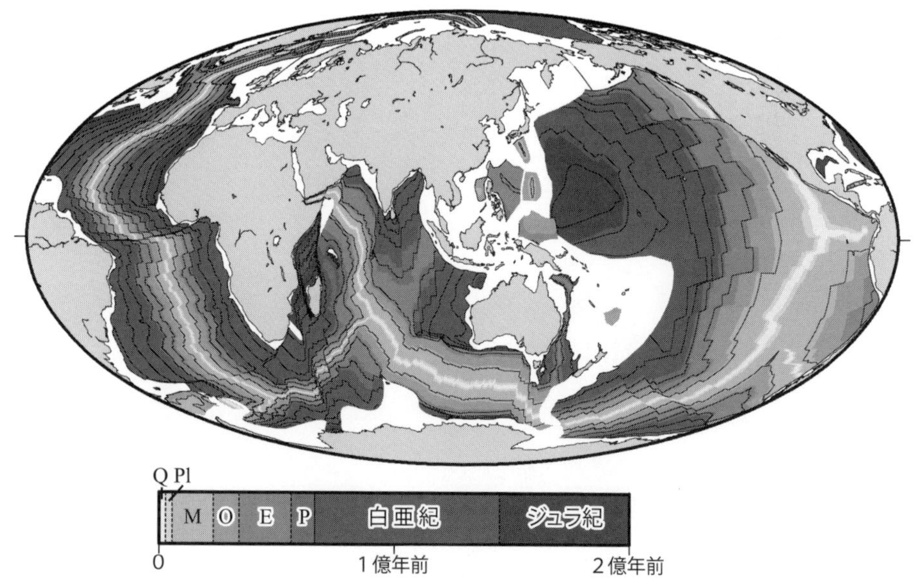

図 1-8　海底（海洋地殻）の形成年代

Müller et al.（1997）などの公表データに基づいて作成。白黒のスケールは地質時代毎の区分を示し、線は 2000 万年毎の等年代線を示す。地質年代を示す略字の正式名称は、Q：第四紀、Pl：鮮新世、M：中新世、O：漸新世、E：始新世、P：暁新世。

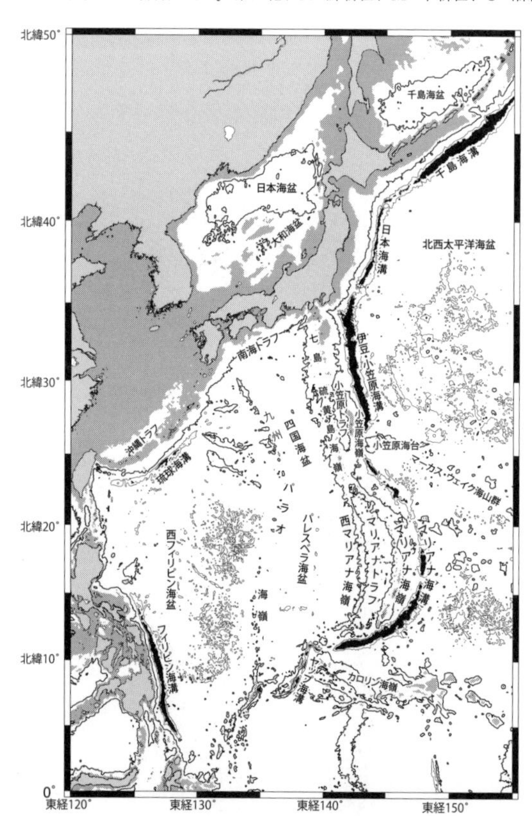

図 1-9　日本列島周辺の海底地形図

図 1-4 と同じ、アメリカ地質調査所の標高データなどの人工衛星データを用いて作成。海底の太線は水深 3,000m の等深線、細線は水深 6,000m の等深線。濃い灰色の範囲は水深 1,000m 以浅の海底を、黒塗りは水深 7,000m 以深の海底を示す。

とそのような島の並びは多くの場合連なっていて、一部は海面に顔を出さない海山となっている。さらに大きな面積を占める高まりも存在し、たとえばインドネシアの北側の海底にはオントンジャワ海台とよばれる、陸上でいえば台地に相当する高まりが存在する。ハワイのような海山や海台の形成については、第 4 章第 3 節で学ぶ。

 地球の内部構造

地球の内部を直接みることはできない。人間が掘った最も深い孔は約 11km あるが、それでも地球半径の約 6,400km に比べればほんのわずかでしかない。このように直接、観測・観察できていないにもかかわらず地球内部が層構造をしていると推定されているのは、地震波という間接的な方法を用いて、地球内部の物質の種類や状態の違いを調べることができるからである。

1. 波の屈折と反射

波は波源から広がっていく。波面が波源から同心円状に伝わっていく波を球面波、平面で伝わっていく波を平面波と呼ぶ。ここでは、球面波を例に説明をする。球面波の場合、波は波源を中心として、四方八方、あらゆる方向に進んでいくが、ある方向への伝わりは波面に垂直な線（射線）として表すことができる（図 1-10）。

光や地震波などの波には、回折・反射・屈折という 3 つの性質がある。そのうち、反射と屈折の様子を模式的に示したのが図 1-11 である。

媒質の境界で、波が伝わる条件が変化すると波の屈折が生じる。この際、伝わる波の速度も変化する。この変化の割合を屈折率とよぶ。屈折率 n は、媒

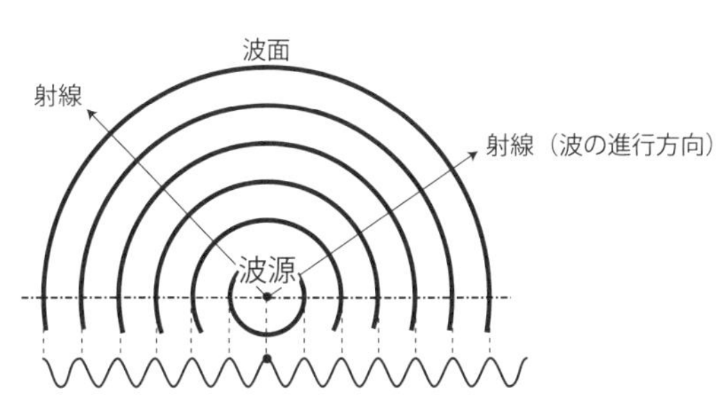

図 1-10　波源から球面波が伝わる様子を示す

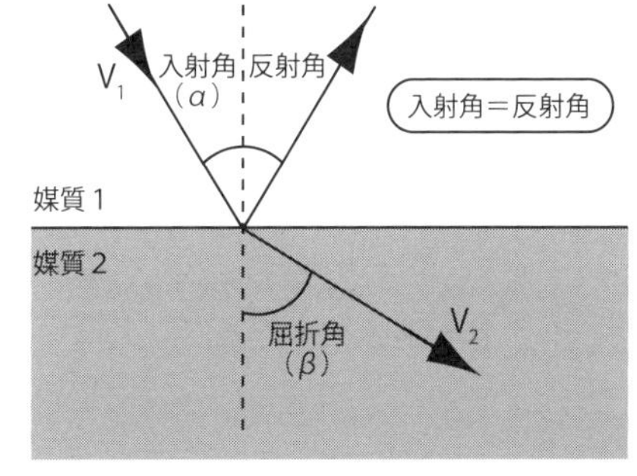

図 1-11　異なる物質の境界を通過する波の反射、屈折の様子

質1での速度をV_1、媒質2での速度をV_2、入射角をα、屈折角をβとすると、

$$n = \frac{V_1}{V_2} = \frac{\sin\alpha}{\sin\beta} \quad \cdots\cdots 式 (7)$$

で求められる。

今、入射角がある角度になると、屈折角が90°となり、波が媒質1と媒質2の境界を伝わるような場合を考える。すなわち、式（7）において$\beta = 90°$となるので、

$$\frac{V_1}{V_2} = \frac{\sin\alpha}{\sin\beta} = \frac{\sin\alpha}{\sin 90°} = \sin\alpha \quad \cdots\cdots 式 (8)$$

の場合である。この条件を満たす入射角αを臨界角とよぶ。

2. 地震波で視る地球の内部

地球の内部構造は地震[20]の際に生ずる波（地震波）を用いて推定されている。地震波は震源を中心に四方八方に伝わっていく。地震波には縦波（P波）と横波（S波）があり（図1-12）[21]、いずれの波も震源に近い場所には短時間で到達するが、遠い場所に到達するには時間がかかる。地球の内部を構成する物質が均質で、地震波速度が一定であるならば、「距離＝速さ×時間」の関係から時間と距離は比例するはずである[22]。しかしながら、実際の地震のデータをグラフにすると、特に約100kmよりも遠いところで折れ曲がっており、比例関係になっていない（図1-13）。このことに最初に気付いたのがモホロビチッチ[23]である。

地震の震源から出る波の中には、地震波の伝わる速度の遅い層と速い層の境界に達する波がある。今、入射角の異なる3つの波を想定する（図1-14）。臨界角よりも小さな角度aで

(20) 第3章参照。

(21) 地震の際には、ほかの波も生ずるが、日常的に判断できるのは、縦波と横波の2つである。

(22) 実際には、地球内部を構成する物質が均質であっても、内部に向かうにつれ密度が増加するので、地震波速度はだんだん速くなる。しかしながらこの場合でも、地震波速度の急激な変化、すなわち不連続面は観察されない。

(23) アンドリア・モホロビチッチ（Adrija Mohorovičić）1857-1936年。ユーゴスラビア（現在のクロアチア）の地震学者。

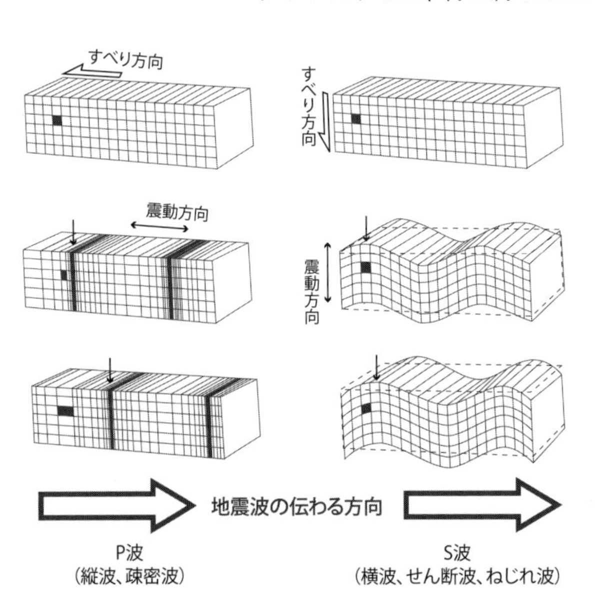

図1-12　地震波の伝わり方

P波とS波は伝わる速さが異なるだけではなく、その波の性質も異なっている。
金折裕司：地震現象（西村ほか、2010）より引用。

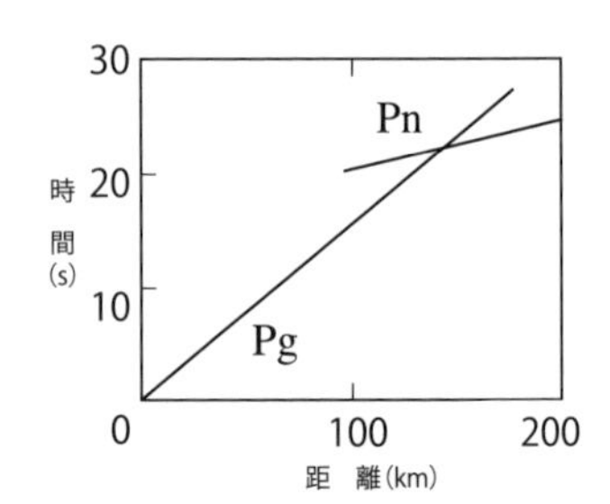

図1-13　地震の震源からの距離とP波の到達時間の関係

Pgは地殻だけを通過して来たP波、Pnはマントルを経由して到達したP波の到達時間を示す。杉村ほか（1988）より引用。

境界面に入射した波の屈折波は、より深部に屈折して伝わっていく。一方、臨界角よりも大きな角度bで境界面に入射した波からは屈折波は生じず、反射波のみが生じる。臨界角cで入射した波の屈折波は境界面を速度の速い層の速度で伝わっていく。その際、図1-15のように、途中にあるA点が新たな波源となり、波が発生する。この時、A点に対して伝わっていく波は入射角90°で入射する波と考えることができるので、そこを波源として発生する波は、角度cの屈折角で上方に伝わっていく屈折波となる。この現象は、境界面を伝わりながら連続して生じるので、境界面から上方に、屈折波が連続して伝わっていくこととなる。

(24) モホ面とも略される。英語では、MOHOやMohoと表記される場合もある。

震源近傍の観測点では、震源から直接伝わる波の方が速く伝わるが、ある距離以上の観測点では、境界面で発生した屈折波が速く伝わるようになる(図1-16)。モホロヴィチッチが考えた、地震波速度の不連続面を通り、より遠い地点に速く到達する地震波もこのような条件を満たした地震波である。これにより、距離と到達時間のグラフが途中で折れ曲がることになる。このように、モホロビチッチは地球の内部に地震波速度の異なる2つの層があり、その境界で急激に地震波速度が不連続に変化することで、この観測事実を説明できると考えた。その後、この不連続は大陸の下、約30〜50kmのところに面状に存在することがわかった。この面は、彼の名をとってモホロビチッチ不連続面(24) とよばれている。

モホロビチッチの研究以降、地震波速度の変化を用いて地球の内部を推定する研究が進み、モホロビチッチ不連続面以外にも地震波速度が不連続に変化する箇所が発見された。地震波速度の不連続は、①物質の種類、②物質の性質(状態)、③物質の種類と性質(状態)の両方、の境界で生じる。このような地震波速度の不連続の発見により、地球の内

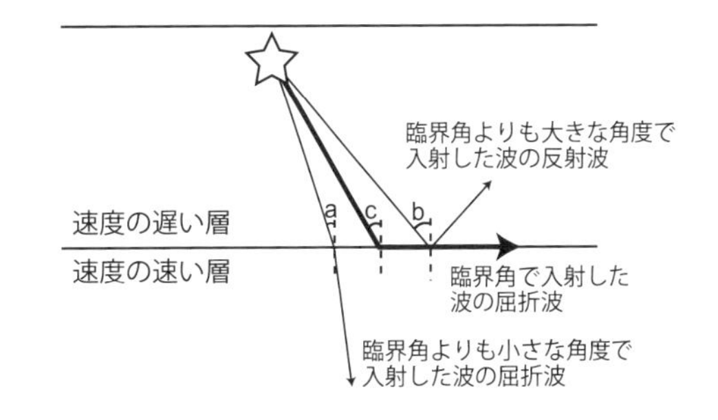

図1-14 様々な角度で境界面に入射する波の屈折・反射の様子

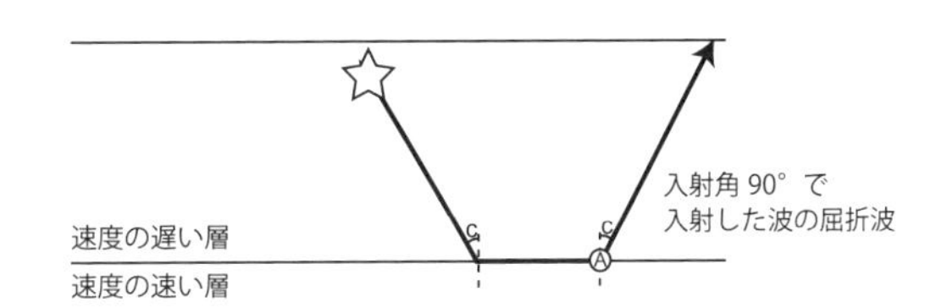

図1-15 境界面に臨界角で入射したのち、境界面を進む波によって生じる屈折波

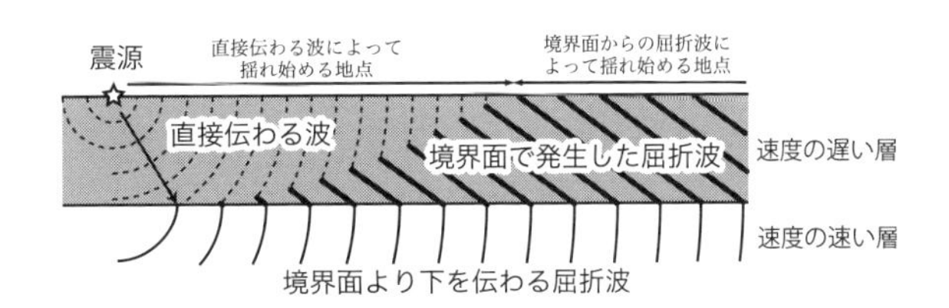

図1-16 震源から伝わる地震波の波面を示した模式図

境界面で発生した屈折波は、震源から臨界角で境界面に入射した地震波(震源からの矢印で射線を示した)によって発生する。

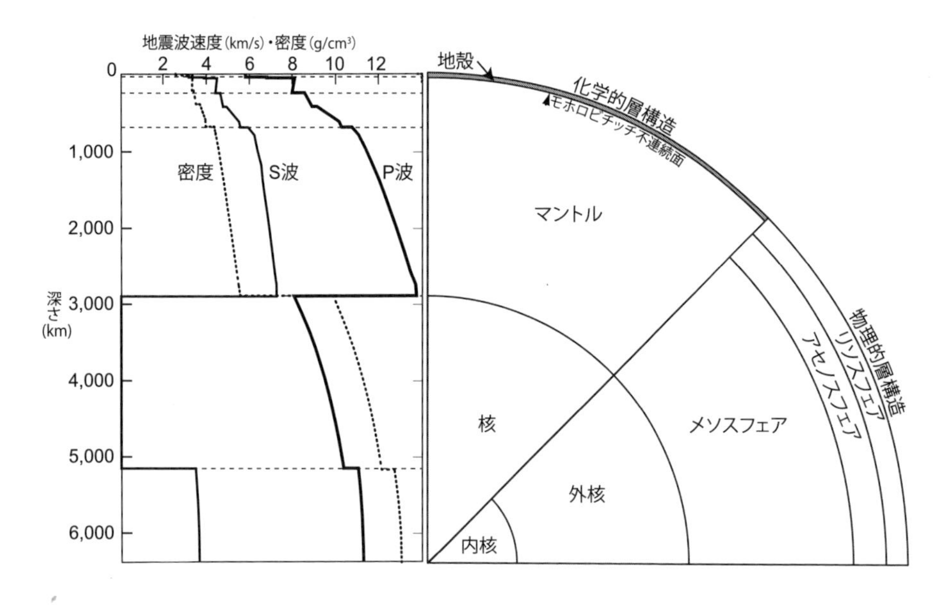

図 1-17　地球内部の地震波速度の変化（左）とそれに基づいて推定されている層構造（右）

破線で示された箇所で地震波速度が急変している。
地震波速度は Preliminary Reference Earth Model（Dziewonski and Anderson, 1981）に基づいて作成。

部は層構造をしていると推定されるに至った。物質の種類によって区分される層構造を化学的層構造、物質の性質（状態）によって区分される層構造を物理的層構造とよぶ（図 1-17）。

2. 化学的層構造

(1) 地　殻

化学的層構造の一番外側にある層が地殻である。地殻の厚さは陸と海で異なっている。大陸を構成している地殻を大陸地殻[25]、海底を構成している地殻を海洋地殻[26]とよぶ。大陸地殻は 30～50km、海洋地殻はほぼ 6～8km の厚さである。大陸地殻と海洋地殻は岩石で構成されており、岩石を構成する元素は、大陸地殻と海洋地殻でやや異なるが、基本的には酸素とケイ素が 70% 以上を占めている[27]。大陸地殻の上部はさらにアルミニウム・カルシウム・カリウム・ナトリウムが多く、密度は 2.7g/cm^3 程度である。一方、大陸地殻の下部や海洋地殻は大陸地殻上部よりもマグネシウムや鉄が多く含まれ、密度も 3.0g/cm^3 前後と重くなっている。

(2) マントル

化学的層構造で、地殻の下、深さ約 2,900km まで広がる層をマントルとよぶ。地球の固体部分の体積の約 3 分の 2 を占めている。マントルも地殻と同様に岩石で構成されているが、地殻の岩石に比べ、よりマグネシウム・鉄の多い

(25) 日本列島は地形的な意味では大陸ではないが、特に西南日本を構成する岩石はユーラシア大陸から続く一連のものと考えられており、大陸地殻で構成されているといってよい。そのため、地質学的には「日本列島は大陸（地殻）である」という表現もありうる。

(26) ハワイなどの海洋島は海底にまで続いているが、海底とは異なる岩石で構成されている場合が多く、海洋地殻で構成されているとはいわない。もちろん、陸の部分もあるが、大陸（地殻）である、ともいわない。

(27) 第 4 章で触れるように、厳密には「酸素やケイ素を多く含む鉱物が多い」ということである。

岩石である。マントルには深さ410kmと660kmの部分に地震波速度の不連続面が存在する。660km不連続面よりも上を上部マントルとよび、かんらん岩で構成されている。密度はおおよそ3.3g/cm^{3}である。660km不連続面よりも下を下部マントルとよび、ケイ酸マグネシウム（$MgSiO_3$）の高圧相（ペロブスカイト相、ポストペロブスカイト相）で構成されている。440km不連続面と660km不連続面の間では、圧力の増加に伴うかんらん石の相転移が生じている。

（3） 核

化学的層構造で一番内側の層を核とよぶ。核に相当する高い圧力の条件で実験をした結果によると、核は岩石ではなく金属で構成されていると推定される。地球に降り注ぐ隕石である鉄隕石[28]は過去に形成された天体の核の部分に由来すると考えられており、その成分を用いることによっても地球の核の化学組成を見積もることができる。隕石の分析結果に基づけば、核は鉄とニッケルが重量で95%以上を占め、それ以外には硫黄・珪素・酸素・水素・炭素が含まれていると考えられている。密度は10g/cm^{3}以上と非常に大きく、核の最下部では12g/cm^{3}を越える。

（28）隕石の一種で、大部分が鉄でできており、わずかにニッケルや硫化物を含んでいる。

3. 物理的層構造

（1） リソスフェア

物質の状態で区分すると、地殻とマントル上部は硬い岩石で構成されている。したがって、物理的層構造を考えると、地殻と上部マントルはひとまとまりの硬い部分と捉えることができ、この層をリソスフェアとよぶ[29]。

（29）Lithosphere：岩石圏と訳せる。lithoは「岩石」、sphereは「球」という意味。

（2） アセノスフェア

リソスフェアの下、マントル内部の深さ600～700kmまでは比較的軟らかく、流動しやすい岩石が分布しており、より上部のリソスフェアとは性質が異なっている。リソスフェアに比べ岩石に含まれている水の割合が多いか、もしくは部分的に融けているためと考えられている。物理的層構造を考えた場合の、この軟らかい層をアセノスフェア[30]とよぶ。アセノスフェア内部の深さ410kmと660kmにも地震波の不連続があり、それぞれ410km不連続面、660km不連続面とよばれており、物質の性質が若干異なっていると考えられる。

（30）Asthenosphere：岩流圏と訳せるが、あまり使われない。asthenoとは「軟弱」、sphereは「球」という意味。

（3） メソスフェア（下部マントル）

アセノスフェアよりも深い部分のマントルを、物理的層構造としてメソスフェアとよぶ。メソスフェアの岩石は、アセノスフェアに比べて密度が大きく、高温・高圧であり、アセノスフェアのような流動しやすい性質はないと考えられている。

大きな地震の地震波は地球内部を伝播して遠方まで伝わっていくが、P波は

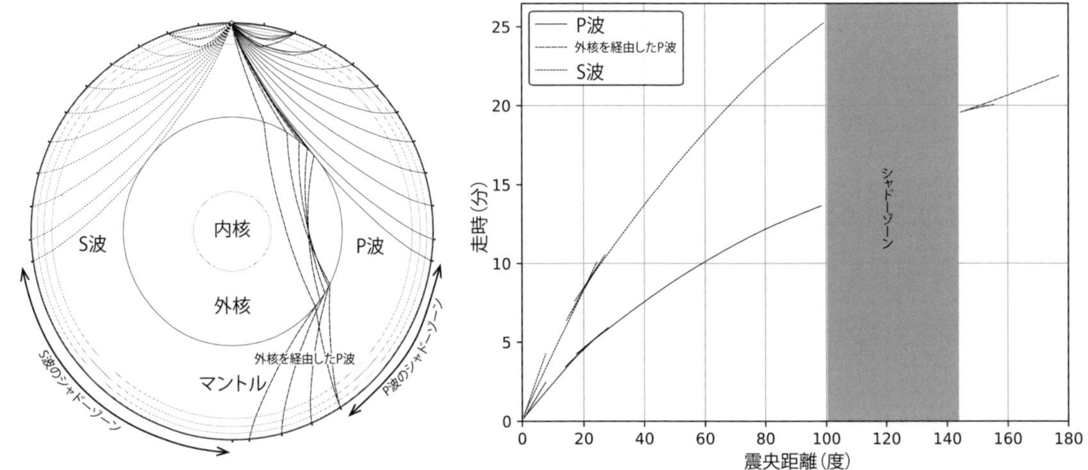

図 1-18　地球内部を通過する地震波の経路とシャドーゾーン

地球内部の速度モデル IASP91（Kennett and Engdahk, 1991）に基づいて、ObsPy（Beyreuther et al., 2010）を用いて作成。

・震央（震源）から角度にして 103 〜 143 度離れた地点では観測されず、S 波は 103 度以上離れた地点では観測されない（図 1-18）。グーテンベルク[31]は、マントル最下部（すなわちメソスフェア最下部）の深さ 2,900km に地震波速度の不連続が存在するために、このような現象が生じることを明らかにした。この地震波速度不連続面をグーテンベルク不連続面とよぶ。

（31）ベーノー・グーテンベルク（Beno Gutenberg）1889-1960 年。ドイツ生まれ、アメリカ・カルフォルニア工科大学の地震学者。

（4）外　　核

P 波は震央距離にして 103 度よりも遠い場所に伝わらないものの、143 度以上離れた場所では再び観測される。これは、グーテンベルク不連続面の下に位置する層とマントルの境界で P 波が 2 度屈折するためである（図 1-18）。一方で、S 波は震央距離 103 度よりも遠い場所では観測されない。このことは、S 波がグーテンベルク不連続面の下の層に伝播しないことを意味している。

S 波の速度（Vs）は、

$$Vs=\sqrt{\frac{\mu}{\rho}} \quad \cdots\cdots 式（9）$$

で求められる。ここで μ は剛性率、ρ は密度を示す。剛性率とはずれによる変形のしにくさを表す値であり、液体や気体では $\mu=0$ となる。式（9）において、$\mu=0$ となると $Vs=0$ となる。したがって、S 波が伝播しないということは、深さ 2,900km から 5,100km の範囲が液体であることを示している。この層を外核とよぶ。下部に位置する内核との間の地震波速度の不連続面をレーマン不連続面とよぶ。

(5) 内　核

レーマン不連続面よりも深い部分はP波・S波ともに伝播することから固体であると考えられており、内核とよばれる。地球の表面付近で発生した地震波が外核に達したときにS波は伝播しなくなるが、伝播したP波の一部が外核と内核の境界面でS波に変換される。このS波が更に内核と外核の境界面でP波に変換されて伝播することが観測されることや巨大地震が乗じた際の地球の振動の様子から、内核は固体であると推定されている。

4. アイソスタシー

「氷山の一角」という言葉があるように、氷山は海面上に顔を出している部分よりも海面下に隠れている部分の方の体積の方がより大きい。これはアルキメデスの原理[32]により、海面下の大きな体積がそこが押しのけた水と同じ重さの浮力を生じさせているからである。このことと同じように、固体地球表面でも標高の高い部分ほど地球内部に深い「根」をもっているのではないかと考えることができる。地表付近を構成する物質が、より深部の物質に浮いているような状態で釣り合っている状態をアイソスタシーとよぶ。パスカルの原理により流体中の同じ深さの部分には同じ圧力がかかるが、地下深部で圧力が等しく均衡している部分の最も浅い面を補償面とよぶ（図1-19）。補償面では圧力が釣り合っており、そこにかかる荷重が等しいことを意味している。

アイソスタシーの考え方が導入された初期には、大陸地殻や海洋地殻がマントルに対して釣り合った状態（図1-19 A）であると考えられていたが、マントル上部は物理的には地殻と同じように硬い。したがって、現在ではリソスフェア（地殻＋上部マントル）がアセノスフェアに対して釣り合っているモデルの方が妥当であると考えられている（図1-19 B）。

何らかの要因によって、荷重が加わったり、荷重が取り除かれると、再びア

(32)「液体や気体などの流体中の物体は、その物体が押しのけている流体の質量がおよぼす重力と同じ大きさで上向きの力(浮力)を受ける」という法則。風呂やプールの中で体が軽く感じられるのは、体の体積分の水の重力と同じ大きさの浮力を受けているからである。

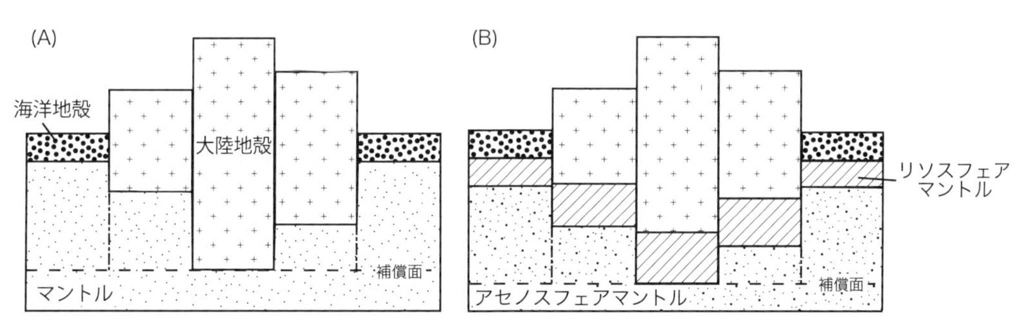

図1-19　アイソスタシーの概念図

(A) 地殻がマントルに対して釣り合っている状態。(B) リソスフェアがアセノスフェアに対して釣り合っている状態。

イソスタシーが成立するような変化が起きる。実際に、今から約1万年前の氷河期に氷床に覆われていた北アメリカ・ハドソン湾周辺や北欧・スカンジナビア半島周辺では、氷床が融けて荷重が軽くなったため、現在まで続く隆起が観測されている（図1-20）。これは氷床が覆ってアイソスタシーが成立していた状態から、氷床がなくなってアイソスタシーを成立させる状態への移行段階を反映していると考えられ、アセノスフェアが流動性をもっていることの確かな証拠となっている。

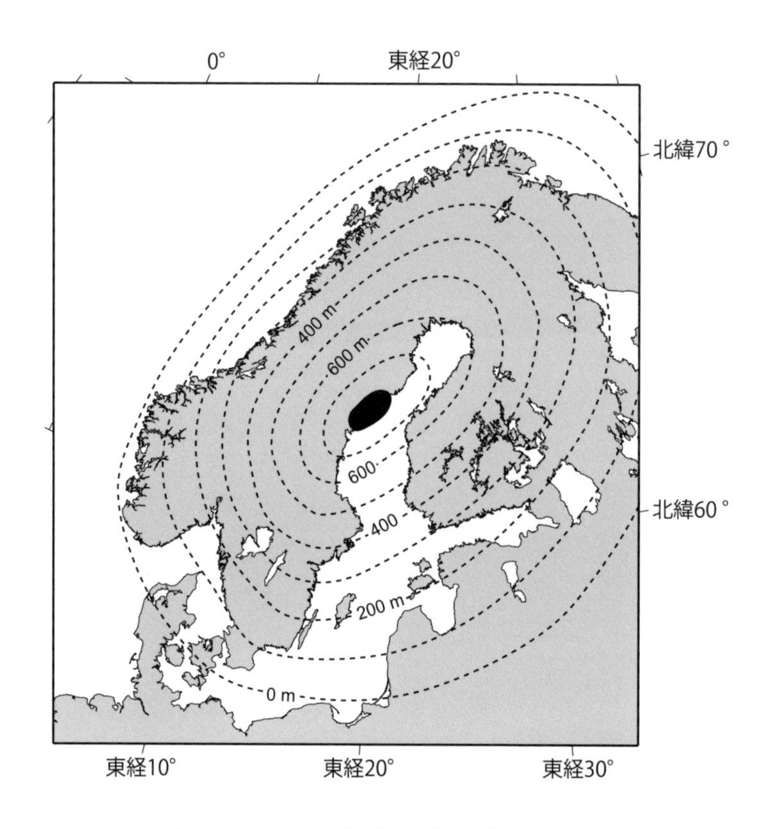

図1-20　スカンジナビア半島の氷河期後の隆起量

氷河期にこの地域を覆っていた氷床が融けたため、新しいアイソスタシーの状態に移行するために隆起が続いている。特にボスニア湾岸の黒塗りで示した地域では、これまでに800m以上の隆起が起こったと推定されている。Mörner（1980）に基づいて作成。

プレートテクトニクス

CHAPTER

1 大陸移動説

ウェゲナー[1]は、「世界地図を見て、大西洋の両岸の海岸線の凹凸がよく合致するのに気が付いたとき」[2]にアフリカ大陸と南アメリカ大陸がかつて1つの大陸であったというアイディア、すなわち大陸移動説を思いついた。彼は著書を第4版まで重ねていくなかで、当時のさまざまな研究結果を整理し、大陸移動説を説明していったのである。彼が取り上げた、地質学的・古生物学的な証拠には次のような例が挙げられる。

①現在では遠く離れている南アメリカとアフリカなどの大陸に同じ生物の化石が産出する。さらにそれらの生物の中には大西洋やインド洋などの大洋を渡れない陸生の動物や植物なども含まれていた（図2-1）。

②約3億年前に存在していた氷河の分布を、現在の大陸の配置で説明するためには、非常に大きな、海洋も覆うほどの氷河の存在が必要であり、かつ、その氷河は現在の標高の低い方から高い方に流動していたことになってしまう（図2-2）。

(1) アルフレッド・ウェゲナー（Alfred Wegener）1880-1930年。ドイツの気象学者。

(2) A・ウェゲナー、都城秋穂・紫藤文子訳（1981）『大陸と海洋の起源』（上）（下）岩波文庫。

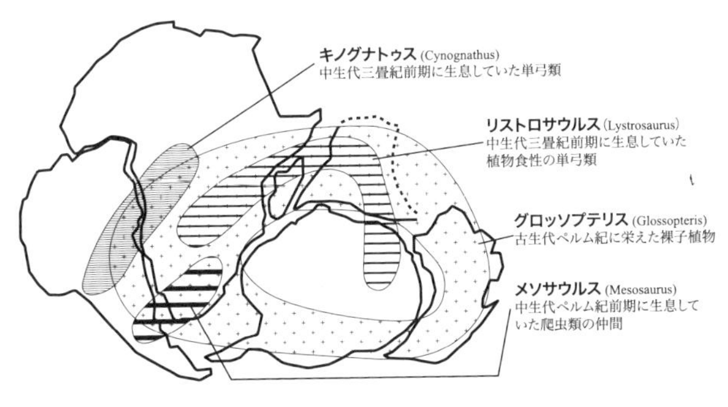

図2-1 大陸移動説に基づいて大陸を復元した際の、古生代～中生代の生物の棲息範囲

現在の大陸の位置では、これらの生物の生息範囲が遠く離れた分布になることに注意。動物の分布はアメリカ地質調査所の解説ページなどを参照した。グロッソポテリスの分布は、Sauer, J. D. (1988) による化石の分布を参考に作成。

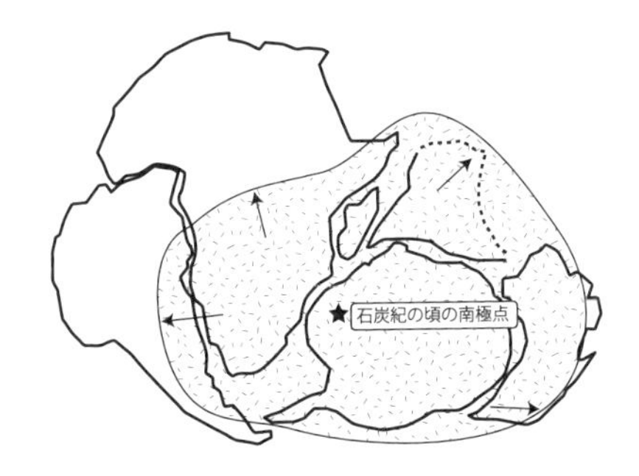

図2-2 大陸移動説に基づいて大陸を復元した際の古生代石炭紀の頃の氷河の分布

図2-1と同様、現在の大陸の位置では、氷河は赤道を挟むより広い範囲を覆っていたことになる点に注意。当時の南極点の位置は、Catuneanu et al. (2005) を参考にしたが、その位置には議論も多い。

これらを説明するには、「かつて、大西洋やインド洋が存在しない時代があり、現在の散らばっている大陸が1つの大きな大陸を形作っていた。その後、大陸移動が生じ、現在のような姿になった、と考える方が合理的である」とウェゲナーは考えたのである。そのほかにも彼はさまざまな研究結果を引用し、彼の提唱する「大陸移動説」を説明している。大陸移動説が提案された頃、多くの研究者は、遠く離れた大陸に同じ化石が産出するという観察結果を、大陸をつなぐ「陸橋」が存在したとして説明していた。すなわち、陸橋を渡って、動物は行き来し、植物はそれらの動物や海流によって偶然に運ばれたというのである。しかしながら、大陸地殻と海洋地殻を構成する岩石はまったく異なり、大陸地殻であったものが突然海洋地殻に変化することはないし、アイソスタシーに基づけば軽い大陸地殻が重いマントルのなかに沈み、海洋底になってしまうような現象も起こりえない。

大陸移動説はこれらの点を十分に説明できる優れたものであったが、大陸移動の原動力についての説明がつかず(3)、彼の死と共に大陸移動説は忘れられていった。大陸移動の原動力に関しては、後にホームズ(4)がマントル対流説による説明を提唱した。彼は「長い時間をかけてマントルが対流し、その上の地殻が、あたかもベルトコンベアに乗っているかのように移動する」(図2-3)と考えた。しかしながら、この説によっても、大陸移動説はほとんどの研究者には受け入れられなかった。

(3) ウェゲナーは、地球の自転によって大陸が西に移動する力や大陸が極から離れる力を想定したが、計算してみるとそれほど大きな力ではないことがわかった。

(4) Arthur Holmes 1890-1965年。イングランド・ダラム大学やスコットランド・エジンバラ大学で地質学の教授を務めた。

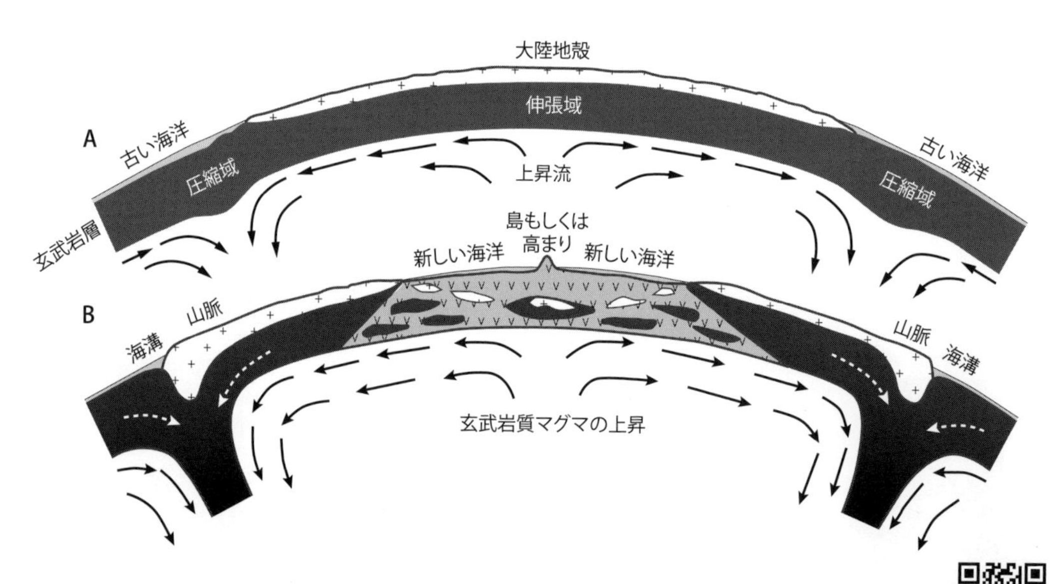

図2-3 マントル対流説に基づく大陸移動の原動力の説明 ホームズ(1965)を元に作成。

2 地球の磁場

棒磁石の周りには磁場が発生し、その磁力線はN極から出てS極に向かうように分布する（図2-4）。棒磁石の磁場のなかにコンパスなどを置くと、磁力線の方向にコンパスの針が向く。地球上でコンパスを用いて方位を知ることができるのも、地球に磁場があり、その磁力線に沿うようにコンパスの針が向くためである。観測地点での地球磁場は3つの成分で表される（図2-5）。特に、全

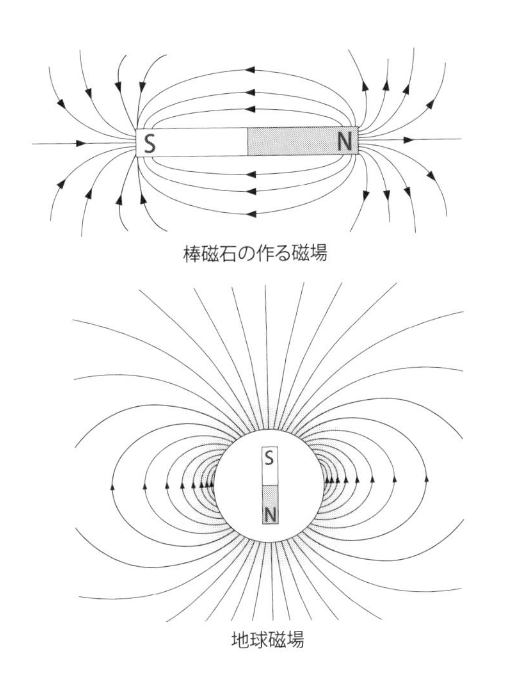

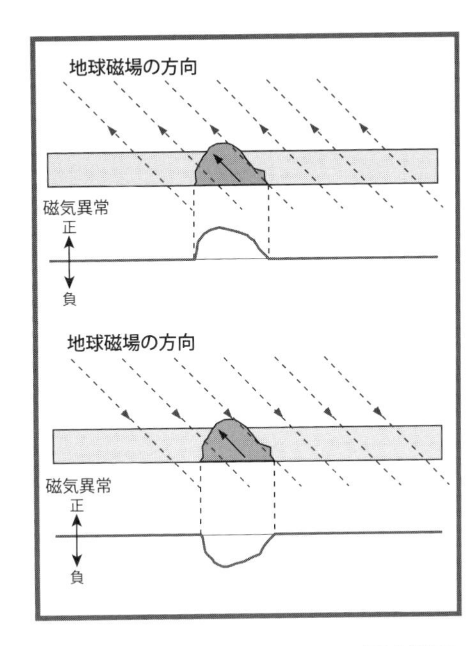

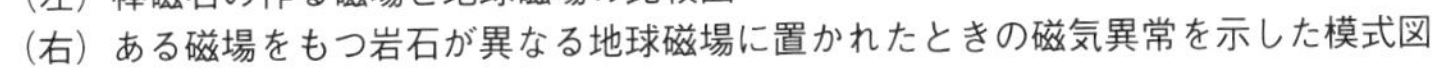
図2-4 （左）棒磁石の作る磁場と地球磁場の比較図
（右）ある磁場をもつ岩石が異なる地球磁場に置かれたときの磁気異常を示した模式図

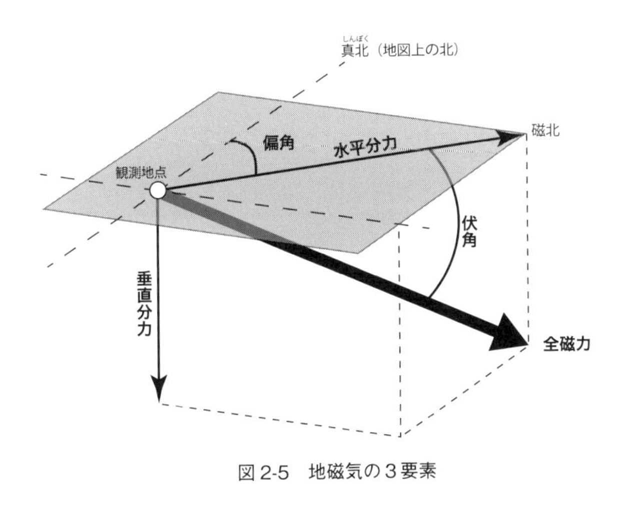

図2-5 地磁気の3要素

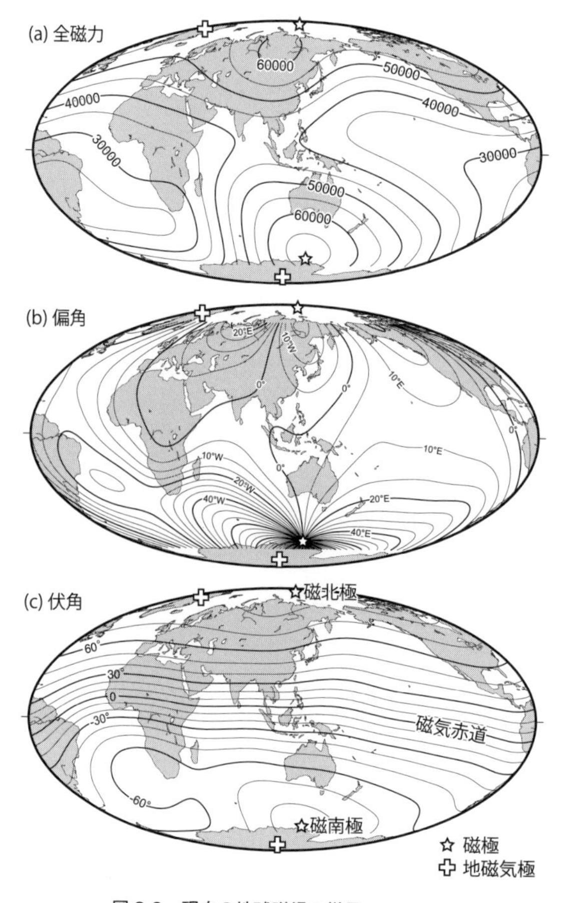

図 2-6　現在の地球磁場の様子

(a) 全磁力（単位は nT）、(b) 偏角、(c) 伏角、を示す。IGRF-12 に基づいて計算された 2020 年の値（アメリカ大気海洋局 NOAA のサイトで計算）に基づく。

磁力・偏角・伏角で表すことが多い。全磁力とは観測地点における地球磁場の強さと向きを表す。日本付近ではおおよそ 45,000nT から 50,000nT の値である（図 2-6 a）。全磁力を地面に投影した時に地図の北（真北）からどの程度ずれているのかを表すのが偏角である。偏角は真北から、西や東に何度ずれているかで表し、それによって示される北を磁北とよぶ。日本付近ではおおよそ 5 度から 10 度の範囲で西にずれている（図 2-6 b）。全磁力が地面からどの程度下向きになっているかを表すのが伏角である。地面から下向きの角度をプラス、上向きの角度をマイナスで表す。日本付近ではおおよそ＋ 50 度から＋ 60 度である（図 2-6 c）。なお、伏角が 90 度もしくは−90 度になる地点を磁極とよぶ。

1. 地球磁場の性質と成因

地球磁場は地球内部に大きな棒磁石が入っているような磁場（双極子磁場）であることがわかった。現在の地球内部の仮想的棒磁石は、北極の側に S 極が、南極の側に N 極が向いている（図 2-4）。あくまで「仮想的」棒磁石であり、決して地球内部に棒磁石が存在しているということではない。高温の地球内部では、磁性鉱物が磁性を保持できる温度であるキュリー温度 (5) を越えてしまうので、仮に棒磁石が存在したとして、その磁性は失われてしまう。したがって、棒磁石の存在により地球磁場が形成されているのではなく、地球磁場のパターンが、棒磁石の作る磁場と似た、双極子磁場であるという意味である。

現在の地球の自転軸に対し地球内部の「仮想的」棒磁石の作る磁軸は約 10 度傾いている（図 2-7）。この磁軸と地球表面の交点を地磁気極（地磁気北極、地磁気南極）と呼ぶ。もし地球内部の「仮想的」棒磁石が完全な双極子磁場であれば、

(5) 磁性物質が磁性を失う温度。多くの火成岩に含まれる磁鉄鉱の場合、575℃。

地磁気極と磁極は一致するはずであるが、図2-6でわかるとおり、実際にはこの2つの極の位置はずれている。それは地球内部には双極子磁場以外にも「非双極子磁場」があるため、地球表面での磁場はそれらも合わせたものになっているためである。

地球磁場は外核の液体金属鉄が担っていると考えられている。液体金属鉄の流動により電流が発生し、それが発電機（ダイナモ）のように磁場を発生させるという理論（ダイナモ理論）が多くの研究者によって支持されている。

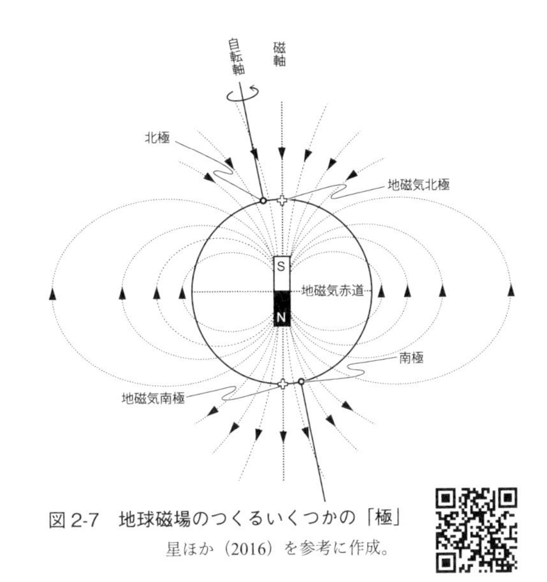

図 2-7　地球磁場のつくるいくつかの「極」
星ほか（2016）を参考に作成。

2. 地球磁場の逆転

マグマが冷却して岩石ができるときに、鉄などの元素から構成される結晶（磁性鉱物）が形成される。磁性鉱物を含む岩石の温度が次第に低下し、キュリー温度よりも低くなると、磁性鉱物が磁化され、熱残留磁化を獲得し、その時の地球磁場の方向に磁化される（図2-8）。もし地球磁場が同じ状態を保っているならば、どんな時代に形成された岩石であっても同じ磁場を保持しているはずである。ところが、フランスのブルンが1906年に現在とは逆向きに磁化した岩石を見出した。さらに、1929年には日本の松山基範が日本周辺の火山岩の磁化を測定し、記録されている磁場の向きが逆の岩石が存在すること、すなわち地球磁場が逆転していた時代があったことを提唱した（Matuyama, 1929）。その後、様々な古い時代の岩石が保持している磁場を調べると、逆向きに磁化した岩石が見出され、地球磁場は何度も逆転を繰り返してきたことが判明した。現在と同じ向きの時代を正磁極期、現在とは逆の時代を逆磁極期とよぶ。最も新しい逆転は今から約77万3000年前に起こり、現在の状況になった。現在の正磁極期を「ブルン正磁極期」、259万年前から77万3000年前までの逆磁極期を「松山逆磁極期」とよんでいる（図2-9）。

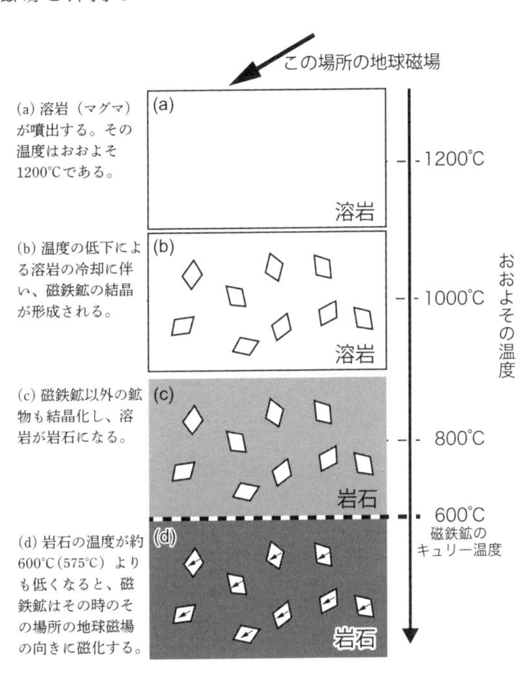

図 2-8　代表的な磁性鉱物・磁鉄鉱が磁化を獲得する過程を示した模式図

ダイナモ理論によれば、地球磁場は外核の液体金属鉄の流動によって発生し、仮にその流動の方

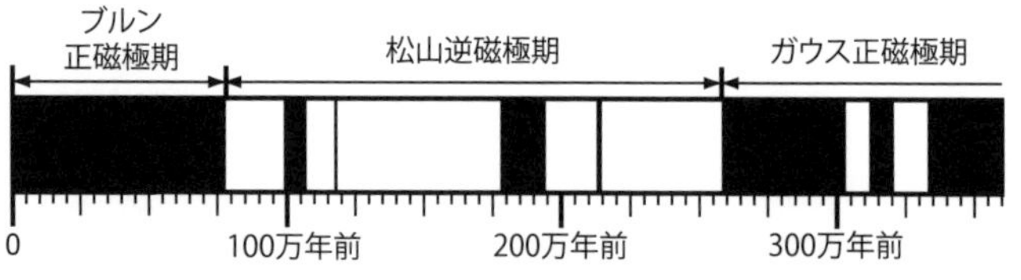

図 2-9　過去 350 万年間の地球磁場の逆転史

黒で塗られた期間が現在と同じ磁極（正磁極）の期間を、白で塗られた期間が現在と逆向きの磁極（逆磁極）の期間を示す。Time Scale Creater を用いて作成。

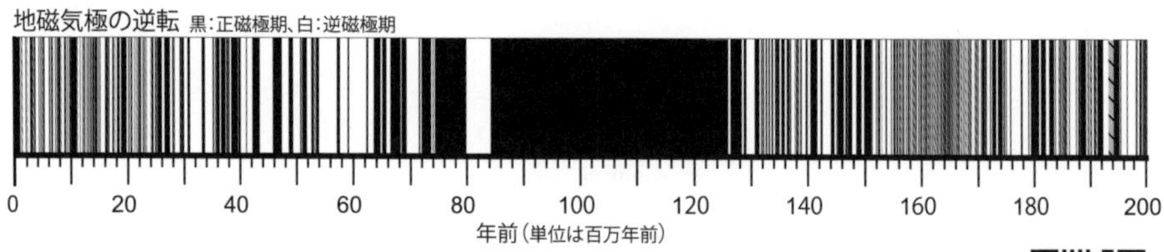

図 2-10　過去 2 億年間の地球磁場の逆転史

黒で塗られた期間が現在と同じ磁極（正磁極）の期間を、白で塗られた期間が現在と逆向きの磁極（逆磁極）の期間を示す。Time Scale Creater を用いて作成。

向が変化すれば、地球磁場の向きも逆になると考えられる。また、地球磁場の逆転は不規則に起こっている（図 2-10）。これも外核の対流のパターンの変化が不規則であるためであると考えられている。

3. 古地磁気極の移動

過去の地球磁場を古地磁気とよぶ。ヨーロッパ大陸とアメリカ大陸の古地磁気から、当時の古地磁気極を測定すると、両大陸から得られた古地磁気極が一致しないことがわかった（図 2-11）。地球磁場は過去においても双極子磁場であったと考えられるので、異なる場所で形成された岩石であっても、同じ時代に形成されていれば、それらの岩石が保持している古地磁気極は一致するはずである。それが異なっているということは、岩石の形成後に、それらの岩石（を乗せている土台）が異なる動きをするようになったと考えられる。そのような考えに基づいて、ヨーロッパ大陸とアメリカ大陸 2 つの大陸間に存在する大西洋を閉じて、2 つの大陸をくっつけると三畳紀頃までの古地磁気極はほぼ重なるが、それ以降の古地磁気極は一致しない（図 2-11）。このことは 2 億年前までに形成された岩石は同じ古地磁気方位をもっているが、2 億年前以降に形成された岩石は別の古地磁気方位を有していることを意味している。

すなわち、2 億年前までは 1 つの陸塊であったものが、それ以降は別の陸塊に分かれたことになる。これはまさにウェゲナーの大陸移動説の復活であり、これ以外の大陸からの測定結果も、約 2 億年前以前には、1 つの大きな陸塊があったと仮定すれば説明できるものであった。

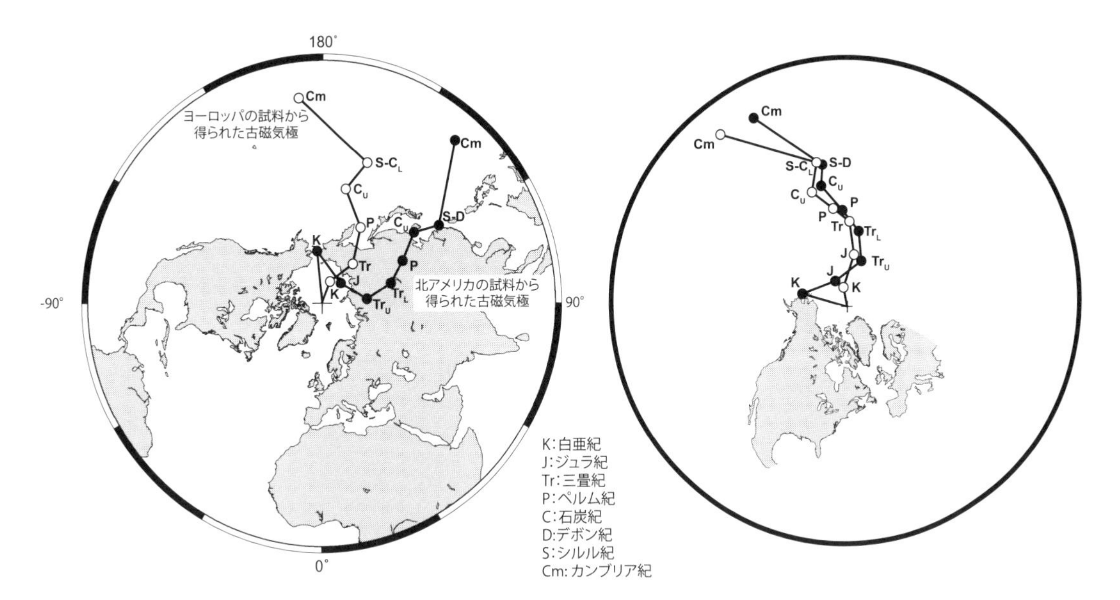

図2-11 （左）北アメリカ（●）とヨーロッパ（○）から得られた試料から求められた過去の地磁気極の移動
（右）大西洋を閉じた場合の過去の地磁気極の移動

河野（1986）などを参考に作成。

3 海洋底拡大説

海底を構成する岩石のもつ地磁気を観測したところ、その場所における標準磁場の値よりも強い値や弱い値が観測された。標準磁場と観測された値の差を磁気異常とよび、磁気異常の正負を地図上に示すと「地磁気縞異常」となる（図2-12）。海底の磁気異常を詳細に観察すると、大洋に発達する海底山脈、すなわち中央海嶺の両側でほぼ対称になっていることがわかった(図2-13)。ヴァインとマシューズは、このような観測結果の説明として、

①中央海嶺でマグマが冷却し、岩石が形成される。その際、その岩石は地球磁場を保持する。

②海底が拡大していれば、形成された岩石は、地球磁場を保持したまま、中央海嶺から離れる方向へ移動していく。

③正磁極期に作られた海底は、現在の地球磁場と強め合い正の磁気異常を示すが、逆磁極期に作られた海底は、現在の地球磁場と打ち消し合い負の磁気異常を示す（図2-4）。

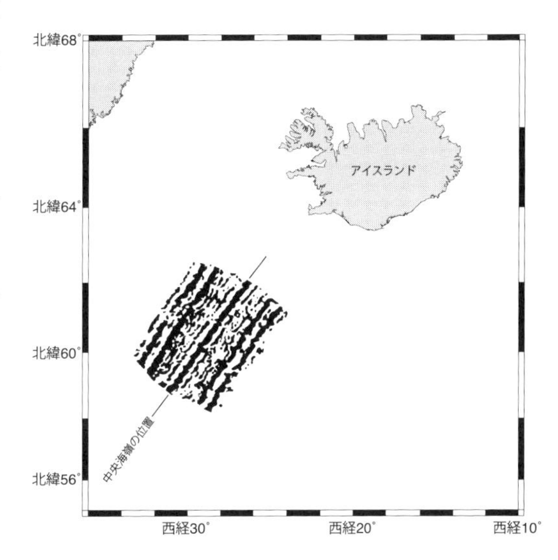

図2-12 アイスランド南部の中央大西洋海嶺（Mid-Atlantic ridge）の一部であるレイキャネス海嶺で観測された地磁気縞異常

黒が地磁気の正の異常、白が負の異常を示す。Vine（1966）を基に作成。

④地球磁場の逆転と海底の拡大は独立に生じるので、中央海嶺を挟んで対称な磁気異常の正負のパターンが作られる。

と考えた（図2-14）。この仮説は海洋底拡大説とよばれている。

海洋底拡大説が正しければ、海底の年齢は中央海嶺から離れるに従って古くなるはずである。1960年代末に深海掘削が実行可能となったことにより、海洋底拡大説は証明されていく。掘削船グローマーチャレンジャー号を用いて中央大西洋海嶺を周辺の海域で掘削を行ったところ（図2-15）、海底の岩石のすぐ上にある堆積物の掘削に成功し、中央海嶺から離れるに従って次第に古い時代の化石が産出することが判明した。堆積物は中央海嶺で海底が形成された後、速やかに堆積し始めたと考えられるので、この観測結果は中央海嶺から離れるに従って海底の年齢が古くなっていることを示していた。このように、1970年代にはウェゲナーが考えたように大陸だけが移動するのではなく、海底が拡大し、それにともなって大陸が移動している（ようにみえる）ことがわかり始めてき

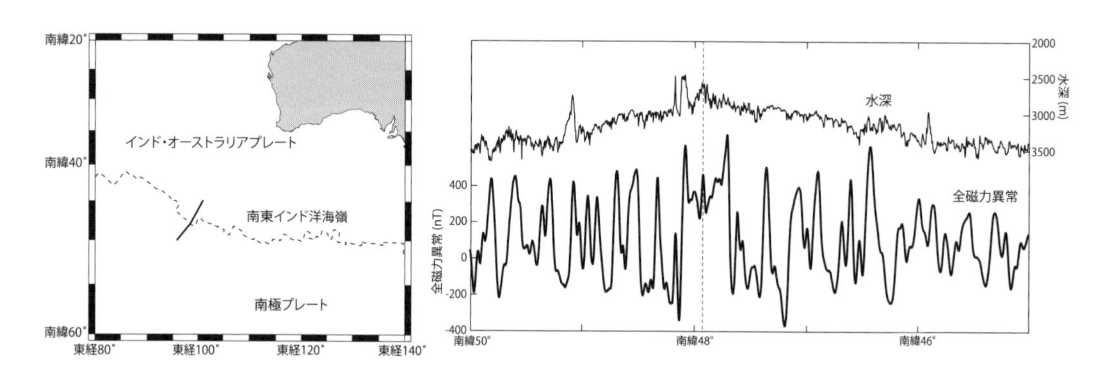

図2-13　南東インド洋海嶺を横切る観測線に沿う磁気異常のパターン

右図の破線の部分が南東インド洋海嶺。磁気異常のパターンは中央海嶺に部分で対称になっている。学術観測船「白鳳丸」KH-10-7航海で取得され、野木義史・佐藤太一両氏がコンパイルしたデータに基づいて作成。

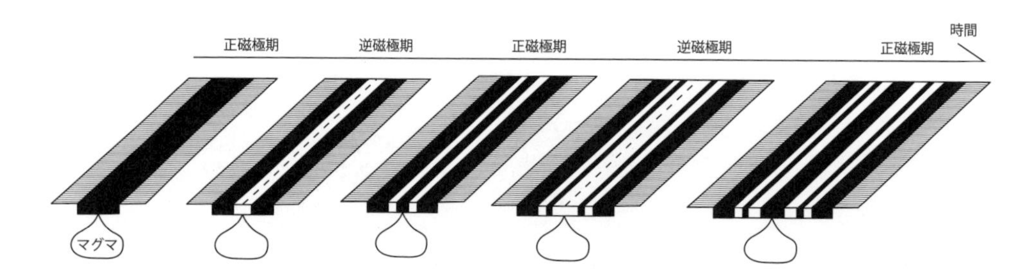

図2-14　海洋底拡大説の概念図

中央海嶺で海底が形成され広がっていく。黒で塗った部分は正磁極の期間に形成された海底、白の部分は逆磁極の期間に形成された海底。

た。これまでの研究によれば、ウェゲナーが考えたように、約3億年前から2億年前には1つの大きな大陸「パンゲア」が存在し、その後の大陸分裂と海洋底拡大、海底の沈み込みによって現在のような海と陸の配置になったことが明らかになっている（図2-16）。

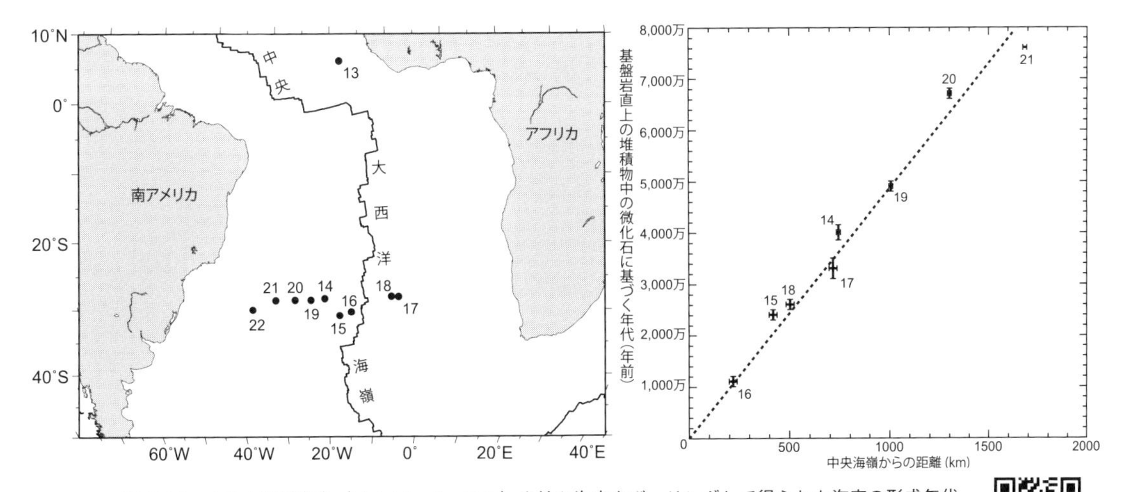

図2-15　中央大西洋海嶺（Mid-Atlantic ridge）を挟む海底をボーリングして得られた海底の形成年代

深海掘削計画（DSDP：Deep Sea Drilling Project）第3次航海の結果（Shipboard Scientific Party, 1970）を基に作成。

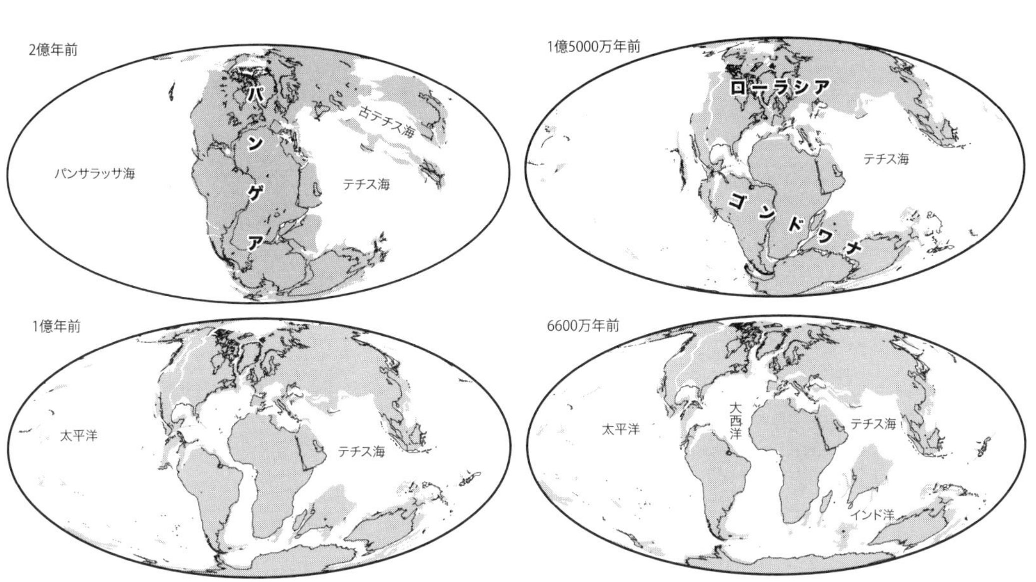

図2-16　2億年前以降の大陸移動と海洋底拡大の歴史

Matthews et al. (2016) のデータを用いて、GPlates（Müller et al., 2018）により作図。

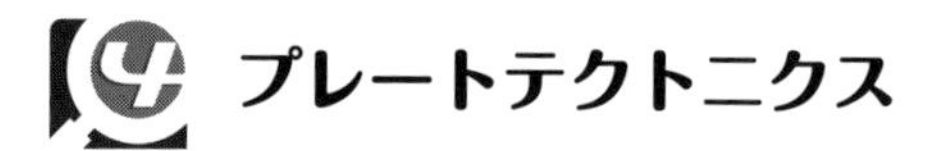

4 プレートテクトニクス

1. プレートテクトニクス理論の確立

海洋底拡大説の提案によって、それまでは別のものと取り扱われてきた陸と海のいずれもが移動もしくは拡大していると考えられるようになってきた。それが正しいならば、陸（大陸地殻）と海（海洋地殻）という区分を超えたところに移動や拡大の原因や要因があると考えられる。

地球上の地震の分布をみると、地震が頻繁に起こっているところと、ほとんど起こっていないところが明瞭に分かれている（図2-17）。地震は地殻の破壊現象に他ならないので、その分布は破壊が起こるところとそうではないところが明瞭に分かれていることを示している。地震が起こっていない部分は、ほとんどが大陸地殻である場合や逆に海洋地殻だけの場合、両方が含まれている場合などがある。いずれの場合もそれらが「ひとまとまりの板」となり、その板と別の板の境界部で破壊現象（地震）が起こっているとみなすことができる。こ

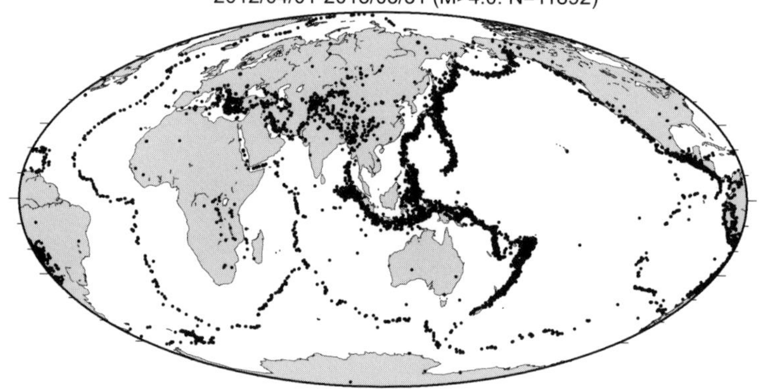

2012/04/01-2013/03/31 (M>4.0かつ100kmより深い地震: N=1674)

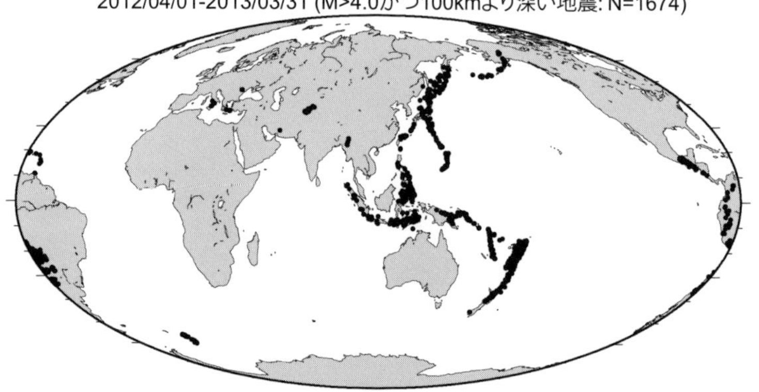

図2-17　2012年4月1日から2013年3月31日までに地球上で発生した、M4以上の地震の震央分布

アメリカ地質調査所のデータに基づいて作成。

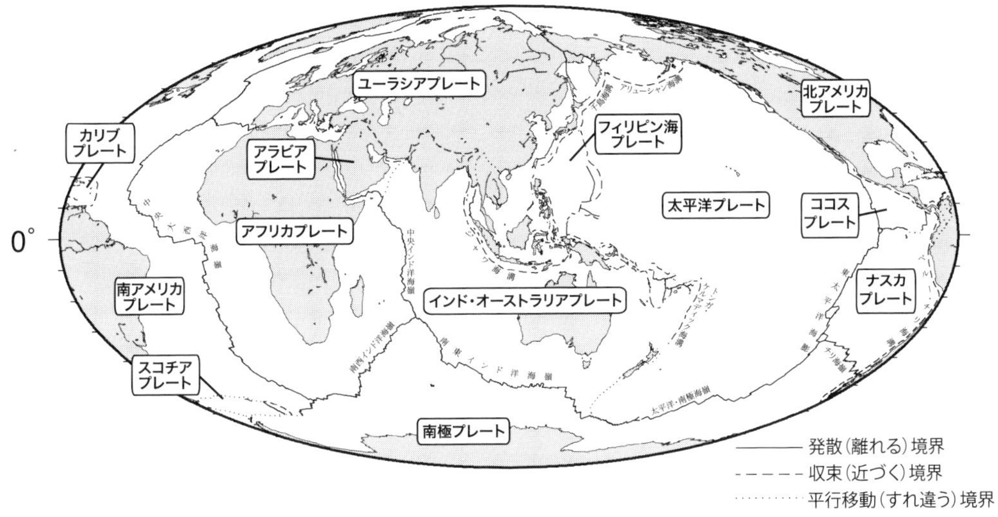

図 2-18　プレートの分布とプレート境界のタイプ　プレートの名称は代表的なものに限った。

の「ひとまとまりの板」をプレートとよび、それらの移動が地球上でみられる諸現象を生じさせているという考えをプレートテクトニクス（plate tectonics）とよぶ。プレートテクトニクスに基づくと、地球の表面は大小さまざまなプレートに覆われていると説明される。

図 2-18 に示したのが地球上の代表的なプレートの分布である。地震が起こっているところがプレート境界となるので、同じ中央海嶺で作られた部分であっても、別の方向に移動していく部分は別のプレートとして扱われる。太平洋の中央海嶺で作られて西に進み、日本列島まで動いてくるプレートを太平洋プレート、東へ進み南アメリカ大陸に向かうプレートをナスカプレートと区別している。ウェゲナーが大陸移動を提唱するきっかけとなった南アメリカ大陸とアフリカ大陸は、それぞれ南アメリカプレートとアフリカプレートとして認識されており、大陸地殻と海洋地殻で構成されている。

ユーラシアプレートのように、それが含んでいる地殻の大部分が大陸地殻である場合を大陸（性）プレートとよび、太平洋プレートのように大部分が海洋地殻である場合を海洋（性）プレートとよぶことはある。しかしながら、アフリカプレート、北アメリカプレート、インド・オーストラリアプレート、南極プレートなど多くのプレートは、その地殻の部分が大陸地殻と海洋地殻の両方を含んでおり、大陸（性）・海洋（性）プレートに二分できるわけではない。北アメリカプレートについていえば、日本列島周辺では大陸地殻が多く、大陸（性）プレートとよんでよいのであろうが、大西洋側は中央大西洋海嶺で形成された海洋地殻の部分もあるので、その部分を大陸（性）プレートとよぶにはふさわしくないであろう。いずれにせよ、プレートは、平面的にも、地球内部方向への広がりという意味でも、大陸（地殻）であるとか海洋（地殻）であるとかを超えたものであるという認識が正しい。

2. プレート運動

地球上を覆っているプレートの相互関係としては3つの関係が考えられる（図2-19）。1つめが収束境界とよばれるもので、2つのプレートが近づく境界である。実際には近づくことで2つのプレートが衝突したり、片方が別のプレートの下にもぐり込む現象が生じる。前者の例がインド大陸とユーラシア大陸の衝突によるヒマラヤ山脈の形成であり、後者の例が日本列島である。

2つめが発散境界とよばれ、2つのプレートが離れていく境界である。新しく海底が作られる中央海嶺がまさにその例である。グアム西方のマリアナトラフは背弧海盆とよばれ、中央海嶺と同様に海底が新たに作られつつある発散境界である。

3つめが平行移動境界で、2つのプレートはその境界ですれ違っており、近づきも離れもしない。トランスフォーム断層とよばれる断層が発達し、北アメリカ大陸カリフォルニア半島付近のサンアンドレアス断層やニュージーランド南島のアルパイン断層が有名である。

(a) 収束境界

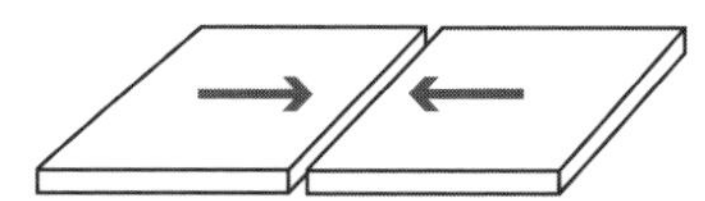

(b) 発散境界

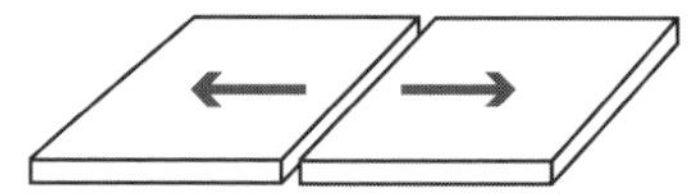

(c) 平行移動境界

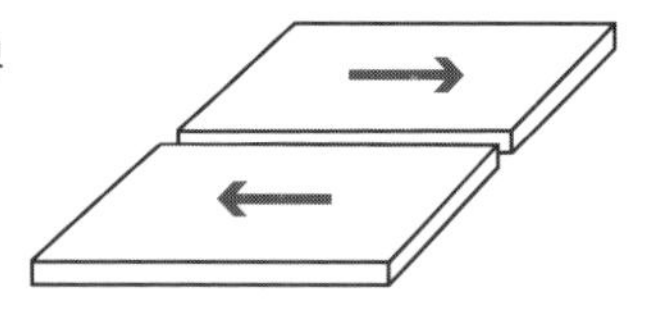

(d) 3種のプレート境界
（トランスフォーム断層は収束境界や発散境界の橋渡しをする）

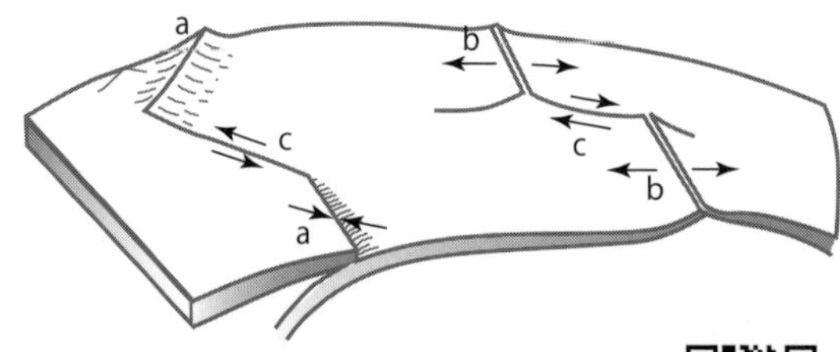

図2-19　隣接する2つのプレートの関係
上田（1989）を参考に作成。

プレートの運動方向とプレート境界の位置関係によっては、同じプレート同士の境界であるにもかかわらず、プレート境界の種類が異なっている場合がある。たとえば、図2-20に示したように、太平洋プレートと北アメリカプレートが隣り合っている、太平洋北部のカムチャッカ半島からアリューシャン列島にかけての地域では、西側のカムチャッカ半島沖では太平洋プレートが北アメリカプレートとのプレート境界である千島海溝に対してほぼ直角な方向から近づいているのに対し、東側のアリューシャン列島東部では太平洋プレートが北アメリカプレートに対して斜めの方向から近づいている。また、その間の地域では、太平洋プレートの運動方向とアリューシャン海溝の向きがほぼ平行なため、太平洋プレートと北アメリカプレートの境界は平行移動境界に近くなっている。

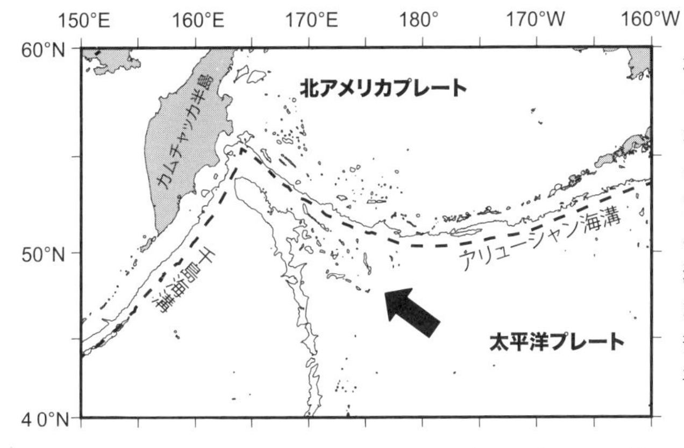

北アメリカプレートからみた太平洋プレートの運動方向はおおよそ北西向きであるが、千島海溝・アリューシャン海溝の方向との関係から、カムチャッカ半島の沖ではプレート境界に直角な方向からの沈み込みになっているのに対し、アリューシャン海溝東側では斜め沈み込みとなっている。また、アリューシャン海溝と千島海溝の接合部近く（東経160度から170度にかけて）では、平行移動境界に近い関係となっている。

図 2-20　太平洋北部でのプレート配置とプレート境界

3. 沈み込み帯

ある種の収束境界では、近づく２つのプレートのうちの一方が別のプレートの下にもぐり込む現象が起こっている。この現象を「沈み込み」とよんでおり、このような現象が起こっている部分を沈み込み帯[7]とよぶ（図 2-21）。沈み込む側は海洋地殻で構成されているプレートもしくはプレートのうち海洋地殻で構成される部分である。沈み込まれる側は大陸地殻である場合が多い[8]。これは同じ地殻であっても海洋地殻の方が大陸地殻に比べて、構成している岩石の密度が大きいことによる。したがって、１つのプレートで海洋地殻の部分と大陸地殻の部分の両方を含んでいるような場合は、海洋地殻の部分だけが沈み込み、大陸地殻の部分は沈み込ま（め）ないという現象も起こりうる。いずれにせよ、沈み込み帯とは「プレートが地球内部に戻っていく場所」である。中央海嶺では次々とプレートが作り出されるので、そのままでは地球はどんどん大きくなっていくことになる。そのようなことが生じていないのは、中央海嶺で作られた分のプレートが沈み込み帯で消費されているからである。

（7）Subduction zone: サブダクションゾーンともよぶ。

（8）伊豆・小笠原弧のように、海洋地殻が海洋地殻に沈み込まれる場合もある。

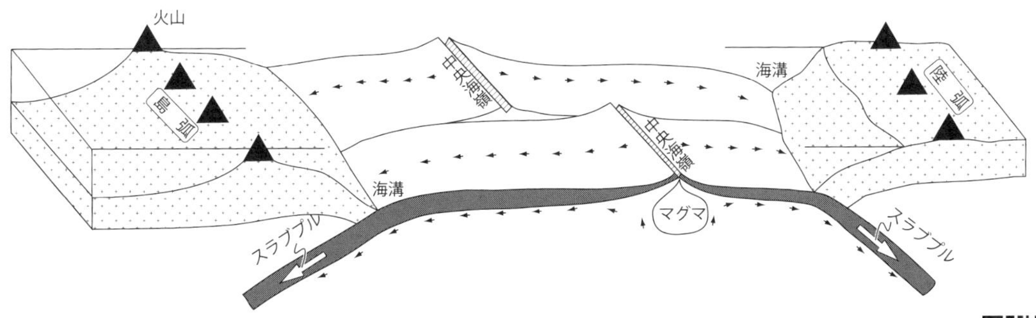

図 2-21　沈み込み帯と弧—海溝系の関係

沈み込み帯には弧（島弧もしくは陸弧）とよばれる火山弧と海溝という地形が発達する。沈み込むプレートにはスラブプルとよばれる力が発生する。

沈み込み帯には火山や火山島が弧状に配列し、島弧や陸弧とよばれる地形が発達する（図 2-21）。日本列島の場合、千島列島から北海道の中央部までの火山島や火山が形作る千島弧、東北日本の火山が形作る東北日本弧のほか、西日本の西南日本弧、伊豆半島から小笠原諸島にかけての伊豆・小笠原弧といくつかの弧が結合してできている。島弧や陸弧の海洋側には海溝が発達する。海溝の陸側に弧が形成されるので、地形に着目した 1 つのシステムとして弧―海溝系とよぶこともあるが、沈み込み帯とほぼ同義である。

図 2-18 をみると、大西洋やインド洋の周辺には沈み込み帯（弧―海溝系）が少なく、大部分は太平洋の周辺に分布していることがわかる。このことは太平洋の中央海嶺で作られたプレートは最終的に消費されるのに対し、大西洋やインド洋の中央海嶺ではプレートが作られるだけで消費されないということがわかる。

4. 日本列島周辺のプレートテクトニクス

図 2-22 に示したのが日本列島周辺のプレートの配置である。日本列島のうち、東北日本は北アメリカプレート、西南日本はユーラシアプレートの一部を構成し

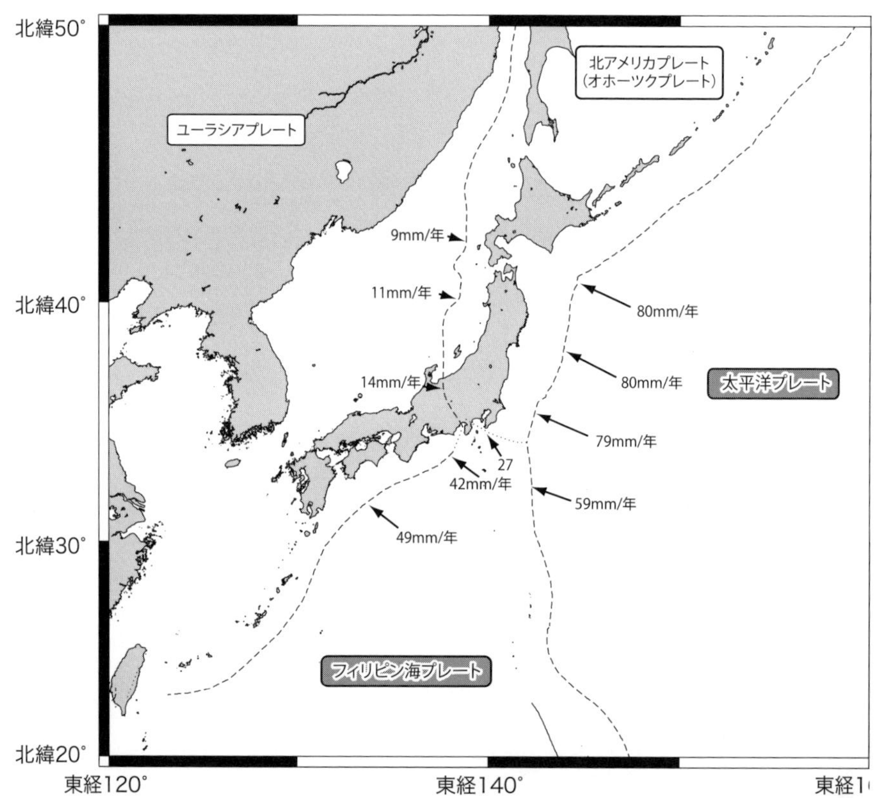

図 2-22　日本列島周辺のプレート配置

プレートの移動速度は、北アメリカプレートを固定した場合の相対速度で、瀬野（1995）に基づく。プレート境界の凡例は、図 2-18 と同じ。

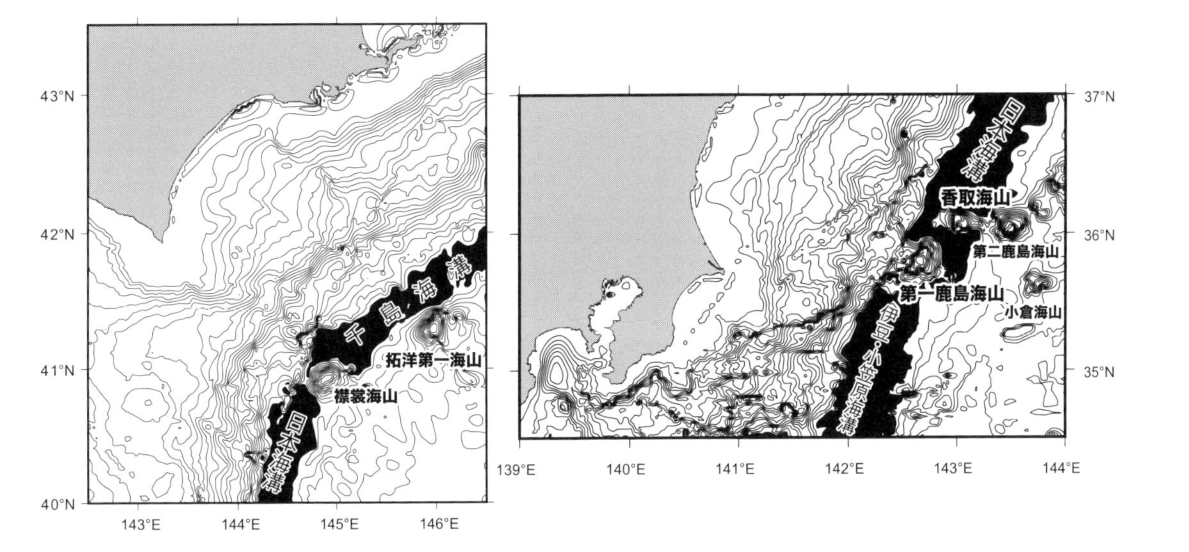

図 2-23　日本列島周辺のプレート境界の様子

（左）北海道沖の太平洋プレートと北アメリカプレートの境界。
（右）関東東方沖の太平洋プレートと北アメリカプレートの境界。等深線は 250m ごと。黒塗りは水深 6500m よりも深い部分。

ている。いずれも日本列島の周辺ではその地殻の大半が大陸地殻である大陸性のプレートである。両者は大西洋の中央海嶺で形成され、そこでは離れる境界（発散境界）となっているが、日本列島周辺では年間 1cm 程度の速さで衝突する境界となっている。

日本列島周辺にはさらに 2 つのプレートが存在している。1 つは東北日本弧（北アメリカプレート）に沈み込んでいる太平洋プレートで、もう 1 つは西南日本弧（ユーラシアプレート）に沈み込むフィリピン海プレートである。これらのプレートはいずれも海洋地殻が大部分を占める海洋性のプレートである。さらに太平洋プレートは、伊豆・小笠原諸島の東側（伊豆・小笠原海溝）でフィリピン海プレートに沈み込んでいる。太平洋プレートは、年間約 8cm の速度で北アメリカプレートに沈み込み、フィリピン海プレートは場所によって異なるが年間約 4〜5cm の速度でユーラシアプレートに沈み込んでいる。

日本列島周辺でプレートの収束境界になっている千島海溝、日本海溝、伊豆・小笠原海溝は一見、ひとつながりになっているようであるが、詳細な海底地形に基づくと、そうではない（図 2-23）。たとえば、北海道の沖合で、太平洋プレート上の襟裳海山が海溝に沈み込もうとしているため、水深が浅くなり海「溝」がいったん途切れている部分があり、そこで千島海溝と日本海溝という別の「溝」として定義されている。また、関東東方沖では、第一鹿島海山と香取海山が海溝に沈み込もうとしているため、同様に水深が浅くなっており、そこが日本海溝と伊

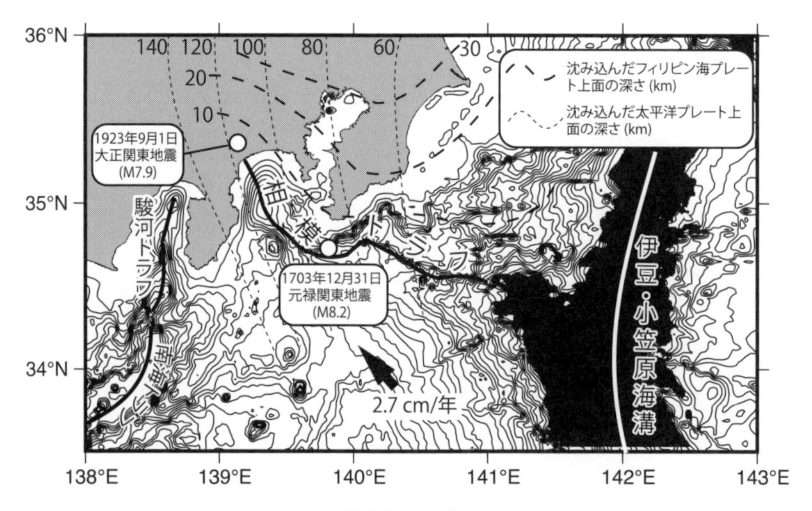

図 2-24　関東地方のプレートテクトニクス

相模トラフの位置は、Ogawa et al.（1989）および泉ほか（2013）を参照した。プレートの深さについては、地震調査研究推進本部ウェブサイト「相模トラフ沿いの地震活動の長期評価」(https://www.jishin.go.jp/resource/column/kohyo_sum_kohyo_sum/) の図を参照した。等深線は 250m ごと。黒塗りは水深 6500m よりも深い部分。

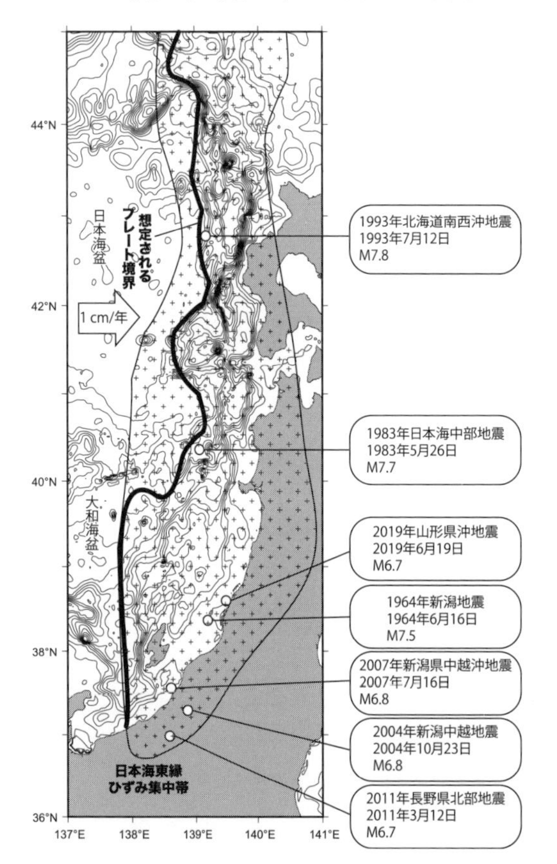

図 2-25　日本海東縁のプレートテクトニクス

プレート境界については中村（1983）、日本海東縁ひずみ集中帯の範囲については岡本ほか（2019）を参考にした。等深線は 250m ごと。

豆・小笠原海溝の境界となっている。

関東地方のプレートテクトニクスはやや複雑である（図 2-24）。ここは、北アメリカプレートと太平洋プレート、フィリピン海プレートの 3 つのプレートが隣接する場となっているためである。伊豆半島の付け根から房総半島の南東沖にかけて、相模トラフと呼ばれる浅い凹地があり、フィリピン海プレートと北アメリカプレートの境界になっている。現在のプレート境界とフィリピン海プレートの運動方向から、ほぼ平行移動境界となっているが、わずかに斜め沈み込みの箇所がある。1703 年元禄関東地震や 1923 年大正関東地震はこのプレート境界で生じた地震である。フィリピン海プレートは、約 300 万年前までは北向きに移動していて、その後、現在の様な北西向きの移動に変わった。そのため、関東地方（北アメリカプレート）の下には、過去に沈み込んだフィリピン海プレートが存在している。

日本海東縁にはユーラシアプレートと北アメリカプレートのプレート境界がある（図 2-25）。

北アメリカプレートから見ると、ユーラシアプレートは年間約 1cm で近づいているので、ここは収束境界である。この境界沿いで地震が発生していることも、プレート境界であることを示している。ユーラシアプレートのうち、日本海海底の北部の「日本海盆」は、日本海の拡大で形成された海洋地殻で構成されている。一方、南部の「大和海盆」は大陸地殻で構成されている。そのため、新潟県から秋田県にかけての沖合が衝突帯で、青森県から北海道の沖合では沈み込みが始まっているとも考えられたこともあった。しかしながら、最近の調査の結果、沈み込みは起こっておらず、日本海東縁の全体が 2 つのプレートによって圧縮されて変形し、歪が集中している、と考えられている。この領域は「日本海東縁ひずみ集中帯」とよばれており、圧縮によって逆断層や横ずれ断層が生じることで、地震が発生している。

5. プレート運動の原動力

ホームズが考えたように、プレートを動かしている力は、対流するマントルにあるように直感的には思える。マントル対流がベルトコンベアのように動いて、海底を動かし、さらに大陸を移動させているようなイメージである。しかしながら、「マントル対流がプレート運動の原動力である」という考え方は以下のような観察事実とは矛盾する。

第一に南極プレート周辺の中央海嶺の移動という現象が挙げられる。南極プレートは、南アメリカプレートとの境界とスコチアプレートとの境界の一部を除いて、その周囲の大部分を中央海嶺で囲まれている（図 2-26）。このため南極プレートを取り囲む中央海嶺で新たなプレートが形成されても、南極大陸は、ほとんど移動できない。結果として中央海嶺が、南極大陸から離れる向きに移動せざるをえないことになる。つまりマントル対流の湧き出し口であるはずの中央海嶺が動きうるものであるということになる。

第二にペルー・チリ海溝へのチリ海嶺の沈み込みという現象が挙げられる。南アメリカの太平洋沖のペルー・チリ海溝南部では、マントル対流の湧き出し口である中央海嶺（チリ海嶺）が沈み込んでいる。ここでもマントル対流の湧き出し口であるはずの中央海嶺が動きうるものであり、さらにその湧き出し口が沈み込んで、なくなってしまうという現象も生じうることになる。

第三に拡大していた中央海嶺が拡大を停止してしまうという現象が挙げられる。約 5200 万年前まではインドを含むインドプレートとオーストラリアを含むオーストラリアプレートの間には中央海嶺があり、インドプレートとオーストラリアプレートは別のプレートとして運動していた。それが約 4300 万年前に中央海嶺の活動が停止し、インドプレートとオーストラリアプレートは 1 つのプレート（イン

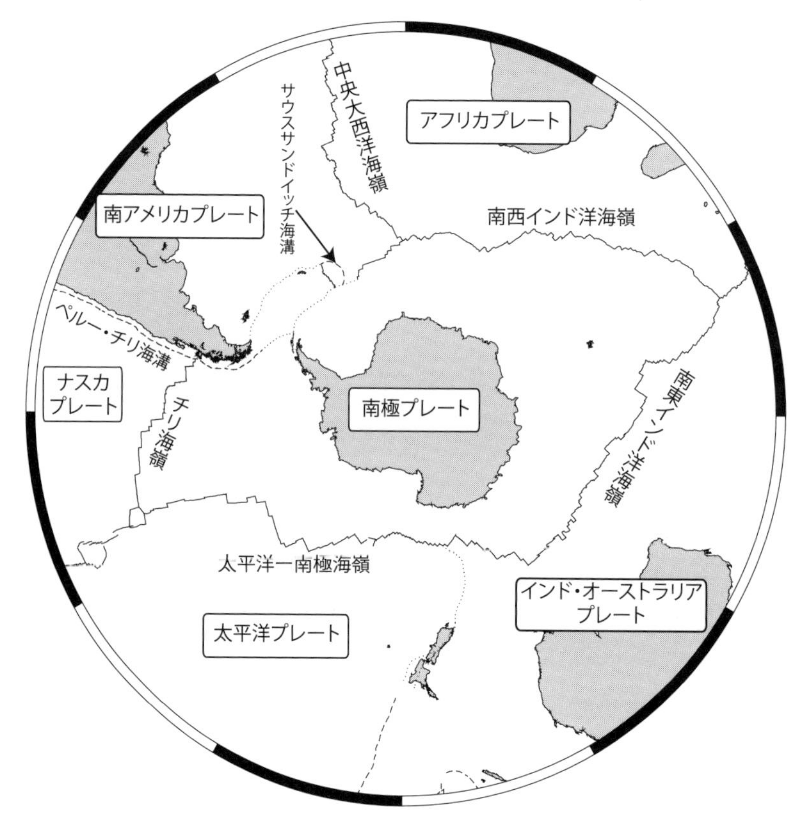

図 2-26　南極大陸周辺のプレート配置
プレート境界の凡例は、図 2-18 と同じ。

ド・オーストラリアプレート）として運動するようになった。インドのユーラシア大陸への衝突により、インドプレートがユーラシアプレートに沈み込みにくくなった影響であると考えられている。マントル対流の湧き出し口であるはずの中央海嶺での拡大が止まるということは、マントル対流が何か別の要因で止まりうる、ということにほかならない。

以上の観測事実からマントル対流がプレート運動の主要な原動力であるという考えは否定されている。現在、プレート運動の原動力はプレートの沈み込む力であると考えるのが一般的である。中央海嶺では暖かかったプレートも、中央海嶺から離れるにつれ次第に冷え、沈み込み帯に達するときにはかなり重くなっている。そのようなプレート自身の重みによって、つながっているプレートを引っ張る力、すなわちスラブプルが働く（図 2-21）。その作用により中央海嶺で隙間が生じ、それを埋めるためにマントルが上昇し、プレートが作り出されている。

実際、太平洋プレートやインド・オーストラリアプレートのように、海溝や衝突帯などの収束境界を伴うプレートを作り出す中央海嶺の方がほかのプレートに比べて拡大速度が大きい。この拡大速度の違いは中央海嶺の拡大軸部の地形にあらわれている。太平洋にある中央海嶺（東太平洋海膨）は盛り上がった地形となっているが、大西洋の中央海嶺では、陥没した谷地形（中軸谷）が発達している（図2-27）。このような地形の違いの原因が拡大速度の違いである。太平洋の中央海嶺は地球上でも最も拡大速度の速い高速拡大海嶺であり、年間で両側に約16cmも拡大している。一方、大西洋の中央海嶺は低速拡大海嶺で、年間で両側に約4cmの拡大をしているのみである。太平洋の中央海嶺で作られるプレート（西側には太平洋プレート、東側にはココスプレートとナスカプレート）は最終的に海溝で沈み込む。一方、大西洋中央海嶺で作られるプレート（西側には北アメリカプレートと南アメリカプレート、東側にはユーラシアプレートとアフリカプレート）は大陸地殻と一体なって運動するプレートとなっており、中央海嶺で作られた海底がそれぞれの大陸縁で沈み込むわけではない。そのため、太平洋の中央海嶺で作られるプレートの方が大きなスラブプルが働き、中央海嶺における拡大速度も大きくなっているのである。南極とオーストラリアの間のインド洋の中央海嶺（南東インド洋海嶺）の場合、作られたプレートのうち北側に進むインド・オーストラリアプレートは、インドやオーストラリアといった大陸地殻を伴っているものの、ジャワ海溝で沈み込んでおり、太平洋に似た形となっている。南側の南極プレートは南極大陸と一体となって運動するプレートであり、大西洋に似ている。そのため、南東インド洋海嶺は両者の中間の中速拡大海嶺となっている。

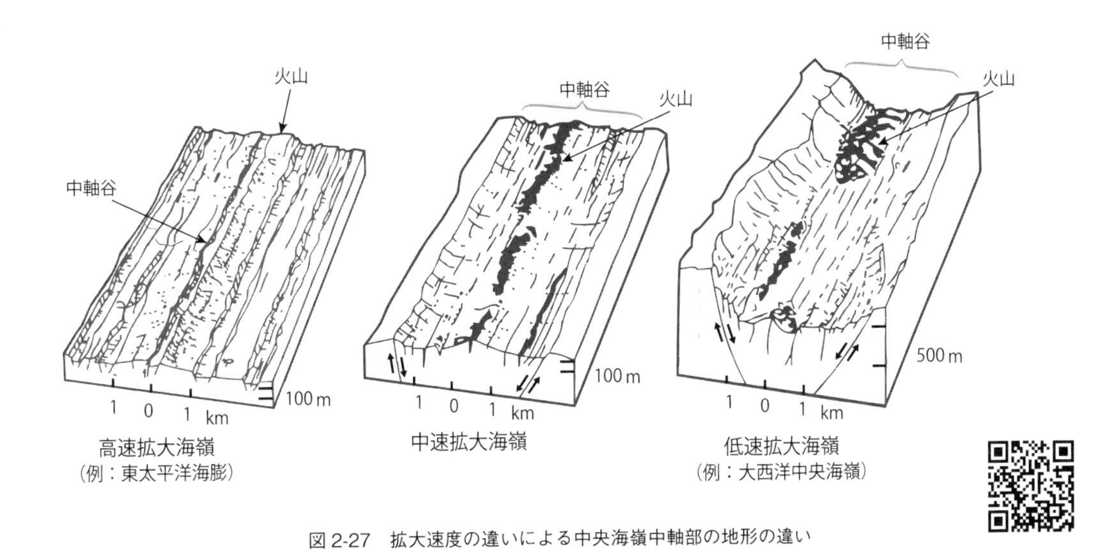

図 2-27　拡大速度の違いによる中央海嶺中軸部の地形の違い

地震の科学

CHAPTER

7 破壊と地震

1. 応力と歪み

物質に力[1]が加わると、歪(ひず)む。歪み[2]の大きさは、もとの物質の長さや体積がどれだけ変化したかによって定義される。応力が加わっても、ある大きさまではもとの形に戻ることができる。このような性質を弾性(だんせい)とよび、物質がこのような性質を示す応力と歪みの範囲を弾性領域、この領域内での変形を弾性変形(だんせいへんけい)とよぶ(図3-1)。弾性変形は伸びたバネがもとに戻るような変形を考えれば良い。弾性を示すバネもある程度以上に伸ばすと、伸びきってしまい、力を取り除いても、もとの状態に戻らなくなる。このような変形を塑性変形(そせいへんけい)とよぶ(図3-1)。伸びきってしまうことで、歪みが残ることになるが、このような歪みを永久歪みとよぶ。

(1) 正確には応力(おうりょく)(stress：ストレス)である。

(2) strain(ストレイン)。ストレスは力なので加わることはあっても、たまらないし、解放されない。たまったり、解放されるのは、歪みである。

物質が弾性限界を越えたときに、急激に応力低下が生じて破壊に至る場合がある。このような破壊様式を脆性破壊(ぜいせいはかい)とよぶ。一方で、応力が弾性限界を越えても、急激な変化は生じずに、変形が進行した後で破壊に至る場合がある。このような破壊様式を延性破壊(えんせいはかい)とよぶ。同一の物質であっても、一般的に温度が低く、周囲の圧力が小さければ脆性破壊を起こし、温度が高く、周囲の圧力が大きければ延性破壊を起こす。たとえば、プラスチックの板や針金を曲げていくときに、冷たければパキンと直ちに壊れてしまうが、暖まっていれば、ある程度歪んでから壊れることがある。前者が脆性破壊であり、後者が延性破壊である。

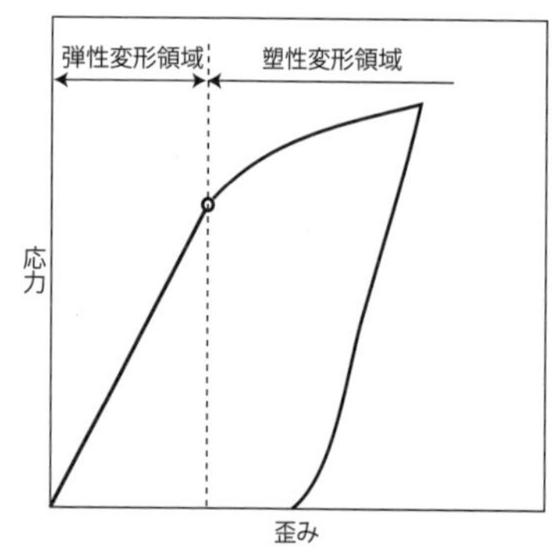

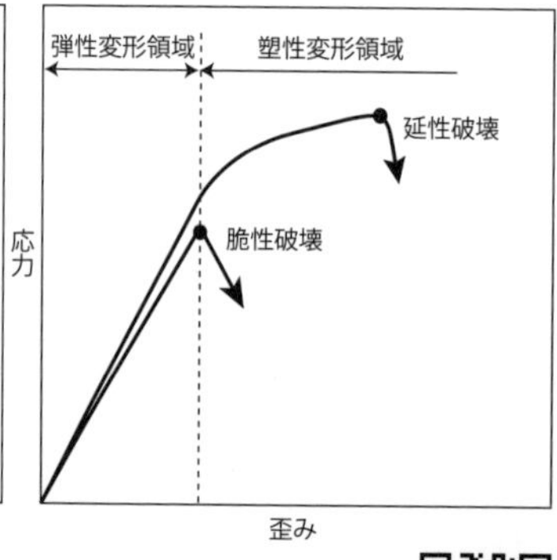

図3-1 (左)応力—歪み曲線と変形様式の関係。(右)応力—歪み曲線と破壊形式の関係。

2. 岩石の変形と断層

岩石が脆性破壊を起こし、歪みを解放した結果作られる地質構造の代表的なものが断層である。断層はその断層面に沿う相対的な「ずれ[3]」の向きによって区分される。断層面の上側にあるブロック[4]が相対的に下がっている断層が正断層 (normal fault)、上盤が相対的に上がっている断層が逆断層 (reverse fault) である (図 3-2)。また、断層面に沿って水平方向にずれている断層が横ずれ断層 (strike-slip fault) である。横ずれ断層は、断層を挟んだ反対側のブロックが相対的に左にずれる左横ずれ (left-lateral、または sinistral) 断層と、右にずれる右横ずれ (right-lateral、または dextal) 断層に区別される。実際の断層は、断層面に沿って斜めにずれることが多く (図 3-3)、上下のずれ (正断層もしくは逆断層の成分) と水平方向のずれ (横ずれ断層の成分) のどちらが卓越するかで判断する。

断層面に加わる力のうち、最も大きい応力を最大主応力と定義している。断層に沿うずれの向きと岩石に加わる応力の関係は、破壊実験から推定されており、最大主応力の向きによって、形成される断層の種類が異なる (図 3-2)。

(3) 変位とよぶ。
(4) 上盤と定義する。断層面より下側にあるブロックを下盤と定義する。

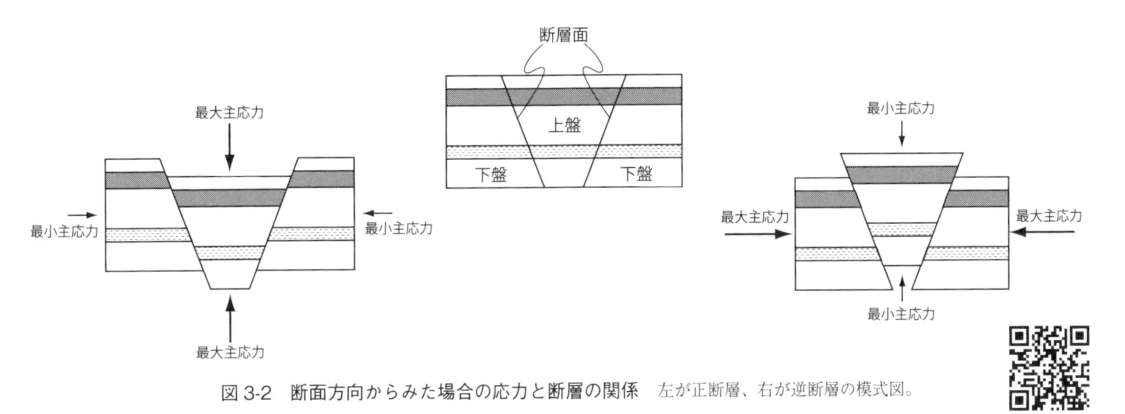

図 3-2　断面方向からみた場合の応力と断層の関係　左が正断層、右が逆断層の模式図。

図 3-3　1995 年兵庫県南部地震 (阪神淡路大震災) を起こした野島断層のずれ
左の写真のマーカーのある箇所が、地震の前にはつながっていた。右の写真は断層を横からみたところ。逆断層の成分もあることがわかる。兵庫県淡路市野島断層保存館にて撮影。

最大主応力が垂直方向の場合、正断層が形成される。一方、最大主応力が水平面にある場合、逆断層や横ずれ断層が形成される。

3. 地　震

地震（earthquake）とは、「地殻や上部マントル内で起こる急激な破壊により、地震波が発生し、それによって地表が揺れる現象」のことである。

(1) マグニチュード

地震を生じさせた破壊のもっていたエネルギーをマグニチュードといい、アルファベットのMで表す。エネルギーをE（ジュール）として、$\log_{10} E = 4.8 + 1.5M$ という関係が知られている。式を変形すると $E = 10^{(4.8 + 1.5M)}$ となるので、Mの値が1違うと、エネルギーは $10^{1.5}$、すなわち $10\sqrt{10}$（約32）倍異なる(5)。

過去の地震では、1923年 関東大地震（M 7.9）、1993年 北海道南西沖地震（M7.8）、1995年 兵庫県南部地震（M 7.2）、2003年 十勝沖地震（M 8.0）、2004年新潟中越地震（M6.8）、2016年熊本地震（M6.5とM7.3）、2018年北海道胆振東部地震（M6.7）、2024年能登半島地震（M7.6）であった。2011年東北地方太平洋沖地震はM9.0という大規模なものであった。世界的には、2004年のスマトラ島沖地震がM9.0（その後、アメリカ地質調査所USGSの再検討でM9.1に修正）であった。

日本で用いているマグニチュードは、気象庁マグニチュード（Mjと表記する）ともよばれ、これまでの観測結果から得られた経験則に従って計算されている。地震が発生すると、観測結果から迅速にその規模（マグニチュード）を計算することができる。一方で、M8クラス以上の地震については、過小に求められることもわかっている。このような巨大地震については、モーメントマグニチュード（Mw）の方が適切である。Mwは震源断層の大きさ（面積）とその面における変位から計算されるので、地震波の詳細な解析が必要であり、迅速性に欠ける。したがって、巨大地震の場合は迅速に計算できるMjがまず公表され、その後、詳細な解析に基づいたMwが公表される場合もある(6)。

(2) 震　度

震度は個々の観測点での揺れの大きさを数値で表したもので、日本では10段階の気象庁震度階級が用いられる（表3-1）(7)。個々の観測点での揺れの大きさであるので、1つの地震による揺れであっても場所によって異なる大きさの揺れになるし、同一の観測点でも異なる地震では異なる大きさの揺れになるのが普通である。伝わっていく地震波が次第に減衰するため、一般に震源（震央）から離れるにつれて、揺れの大きさは小さくなり、震度は小さくなる（図3-4）が、地盤の状況、観測点と震源の位置関係によっては、震源（震央）から離れ

(5) Mが0.2異なる時は約2倍（$10^{1.5\times0.2}=10^{0.3}$）、0.5異なる時は約5.6倍（$10^{1.5\times0.5}=10^{0.75}$）、2異なる場合は1000倍（$10^{1.5\times2}=10^{3}$）エネルギーの大きさが異なる。

(6) 2011年東北地方太平洋沖地震の際には、当初Mj = 7.9という速報値が発表されたが、最終的にはMw = 9.0に修正された。

(7) 震度7は1949年の気象庁震度階の改定によって設定されたが、1995年兵庫県南部地震で初めて適用された。また、1990年代に発生した地震の際に、震度5や震度6となった地域での被害の程度に幅があったことから、1996年の改定の際に、震度5と震度6にそれぞれ「弱」と「強」が設定され、10段階となった。

表3-1　気象庁震度階級関連解説表による震度階級ごとの人の体感・行動、屋内外の状況

震度階級	人の体感・行動	屋内の状況	屋外の状況
0	人は揺れを感じないが、地震計には記録される。	−	−
1	屋内で静かにしている人の中には、揺れをわずかに感じる人がいる。	−	−
2	屋内で静かにしている人の大半が、揺れを感じる。眠っている人の中には、目を覚ます人もいる。	電灯などのつり下げ物が、わずかに揺れる。	−
3	屋内にいる人のほとんどが、揺れを感じる。歩いている人の中には、揺れを感じる人もいる。眠っている人の大半が、目を覚ます。	棚にある食器類が音を立てることがある。	電線が少し揺れる。
4	ほとんどの人が驚く。歩いている人のほとんどが、揺れを感じる。眠っている人のほとんどが、目を覚ます。	電灯などのつり下げ物は大きく揺れ、棚にある食器類は音を立てる。座りの悪い置物が、倒れることがある。	電線が大きく揺れる。自動車を運転していて、揺れに気付く人がいる。
5弱	大半の人が、恐怖を覚え、物につかまりたいと感じる。	電灯などのつり下げ物は激しく揺れ、棚にある食器類、書棚の本が落ちることがある。座りの悪い置物の大半が倒れる。固定していない家具が移動することがあり、不安定なものは倒れることがある。	まれに窓ガラスが割れて落ちることがある。電柱が揺れるのがわかる。道路に被害が生じることがある。
5強	大半の人が、物につかまらないと歩くことが難しいなど、行動に支障を感じる。	棚にある食器類や書棚の本で、落ちるものが多くなる。テレビが台から落ちることがある。固定していない家具が倒れることがある。	窓ガラスが割れて落ちることがある。補強されていないブロック塀が崩れることがある。据付けが不十分な自動販売機が倒れることがある。自動車の運転が困難となり、停止する車もある。
6弱	立っていることが困難になる。	固定していない家具の大半が移動し、倒れるものもある。ドアが開かなくなることがある。	壁のタイルや窓ガラスが破損、落下することがある。
6強	立っていることができず、はわないと動くことができない。揺れにほんろうされ、動くこともできず、飛ばされることもある。	固定していない家具のほとんどが移動し、倒れるものが多くなる。	壁のタイルや窓ガラスが破損、落下する建物が多くなる。補強されていないブロック塀のほとんどが崩れる。
7		固定していない家具のほとんどが移動したり倒れたりし、飛ぶこともある。	壁のタイルや窓ガラスが破損、落下する建物がさらに多くなる。補強されているブロック塀も破損するものがある。

た観測点で大きな揺れを観測することもある。海外では揺れの大きさの指標として気象庁震度階級とは別の指標が用いられる。アメリカなどでは、改正メルカリ震度階級（Modified Mercalli intensity scale。MMと示されることもある）が用いられることが多い。改正メルカリ震度階級は12段階で示される。気象庁震度階級が震度計によって計測されるものであるのに対し、改正メルカリ震度階級は体感や被害の規模によって決まるため、両者を一対一に対応づけることは難しいとされている。

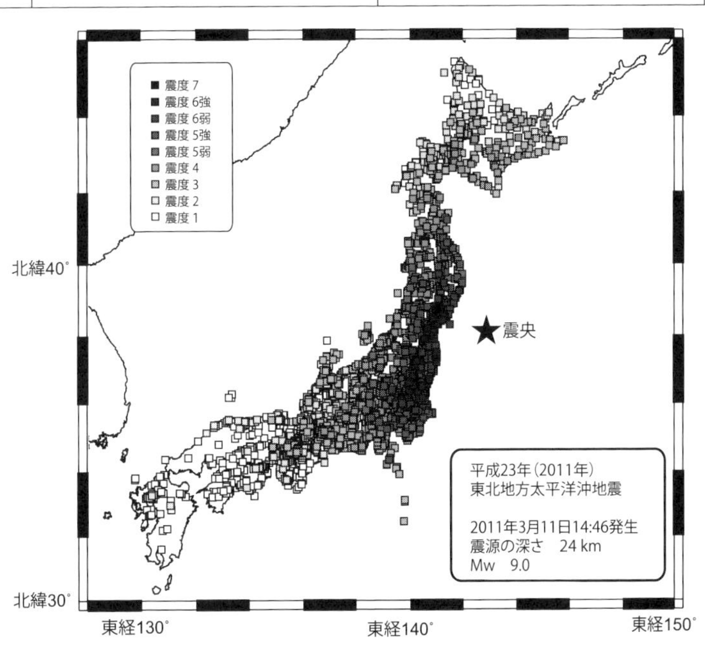

図3-4　平成23年（2011年）東北地方太平洋沖地震の際の震度分布

気象庁のデータに基づいて作成。震央に近い東北地方の太平洋沖で大きな揺れとなり、離れるにつれて震度が小さくなる様子が見て取れる。ただし、最大震度7を記録したのは、やや内陸の宮城県栗原市の観測点であった。

(3) 震源と震央

「震源」とは地震の破壊現象の開始点を指す（図 3-5）。震源から破壊が伝播し、最終的にある面積が破壊される。この破壊は地下の地層や岩石のずれをともなうので、断層が作られる。この断層を震源断層とよぶ。この断層を作る破壊のすべての段階で地震波が発生する。したがって、震源断層は震源の集合体と捉えることもでき、震源域ともよばれる。震源断層の大きさは、引き起こされた地震のマグニチュードとほぼ相関する。図 3-6 に、いくつかの地震の震源断層の大きさを模式的に示した。

地震が生じた際に、テレビや新聞で、地表平面（地図）に「震源」や「震源地」と表されることがある。震源はあくまで地球内部に存在するはずであるし、「震源地」は科学的な用語ではない。震源の地表（もしくは海面）への投影点は「震央」とよぶ。

震源断層の面積が広いとその断層が地表に達することがある。そのような断層を、（地表）地震断層とよび、震源断層とは区別している。

「地震がなぜ生じるか」という当たり前のような疑問に対して解答が得られたのはそれほど昔のことではない。観測した地震波の解析を行うと、破壊によって震源で断層運動が起こっていると考えれば、地震を説明できることがわかってきた。現在では、地殻内のある点（これが震源に相当する）から破壊が始まり、そこから四方八方に破壊が伝わっていき、全体として断層という形でずれが生じるということが判明した。

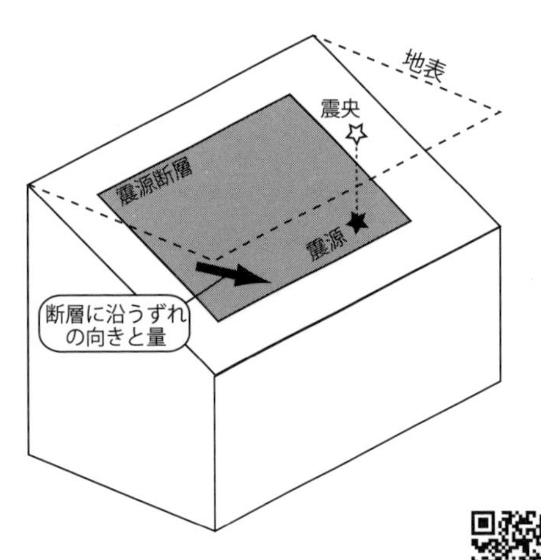

図 3-5　震源・震央の関係を示した図

(4) 異常震域

震源の直上の震央付近では揺れが小さいにもかかわらず、遠く離れた地点で大きな揺れが観測されることがあり、このような現象を「異常震域」とよぶ。図 3-7

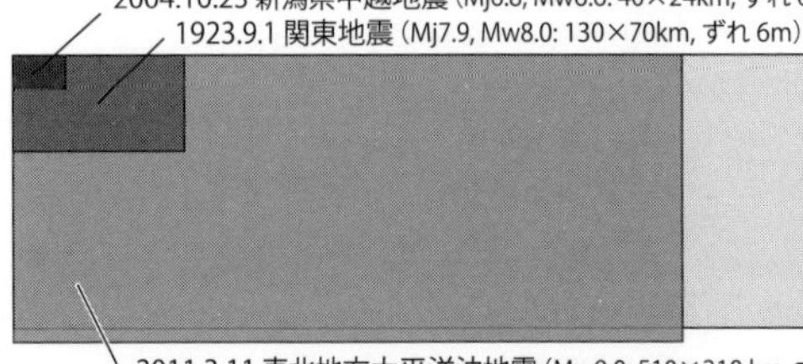

図 3-6　震源断層の大きさの模式図

2011 年東北地方太平洋沖地震の震源断層の面積とずれの量は八木（2011）・岡田（2012）、1923 年関東地震の Mw は行谷ほか（2011）、2004 年新潟県中越地震の Mj、Mw は国土地理院のデータに基づく。

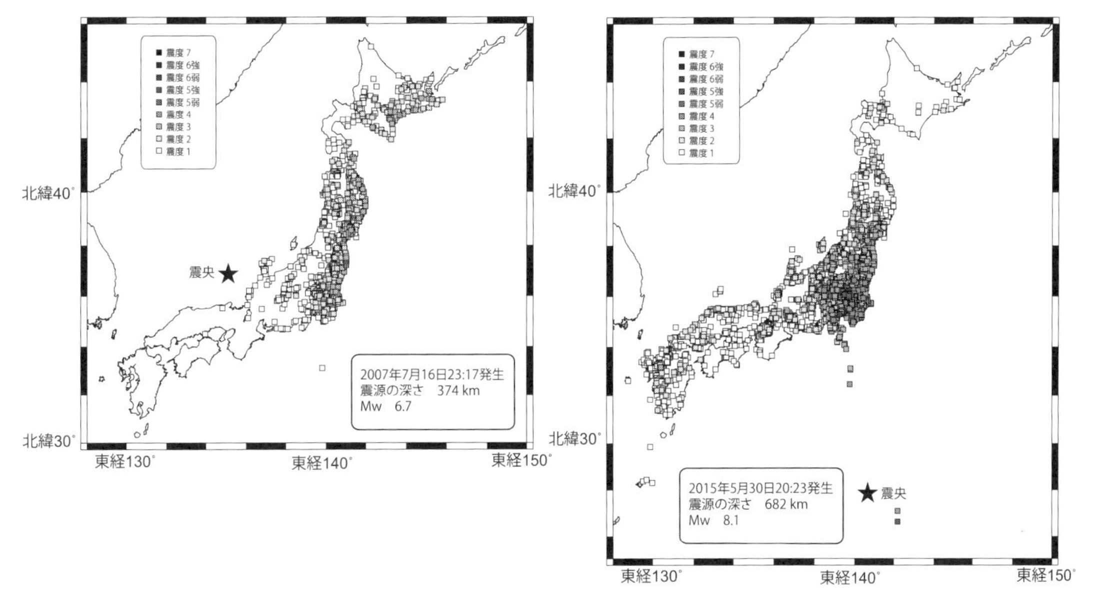

図 3-7　異常震域の例

（左）2007 年 7 月 16 日に発生した京都府沖を震央とする地震の震度の分布。最大震度の 4 を記録した観測点は、北海道浦幌町。
（右）2015 年 5 月 30 日に発生した小笠原諸島西方沖を震央とする地震の震度分布。最大震度の 5 強を記録した観測点は、東京都小笠原村母島と神奈川県二宮町。気象庁のデータに基づいて作成。

に示したのは日本周辺で生じた異常震域の例である。

地震波は震源から遠くに伝わるにつれて減衰していくが、地震波を伝える岩石が地震波を減衰させない性質を持っていると、遠方まで大きな揺れが伝わる。加えて、震源から直上に地震波が伝わりにくい、つまり減衰しやすい岩石を伝わっていくような場合、異常震域になることが多い。例に挙げた 2 つの地震の共通点として、震源の深さが深いことが指摘できる。この地震は次節で挙げる 3 タイプの地震のうち、スラブ内地震（深発地震）に相当する。このような深部では、震源の直上には沈み込み帯のアセノスフェアが存在するので、上方に伝わる地震波は減衰しやすい。一方で、スラブ、これらの例では沈み込んだ太平洋プレートは冷たく、堅いプレートであるために、地震波は減衰せずに伝わっていく。その結果、太平洋プレートを海溝近くまで伝わって、さらにその上のプレートに伝わった地震波が、震源から上方に進んだ地震波よりも大きな揺れを引き起こすと考えられる（図 3-8）。

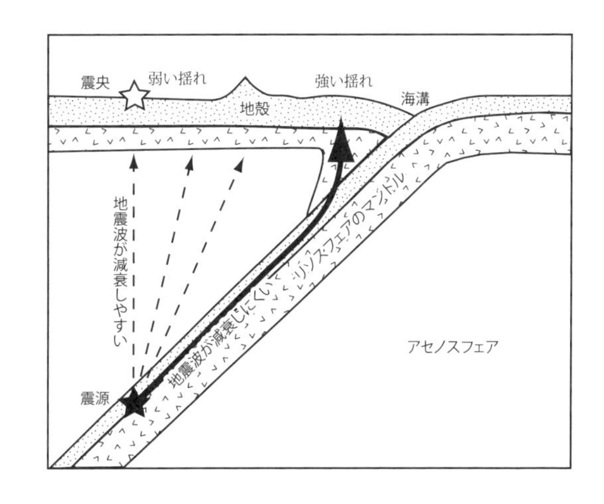

図 3-8　異常震源を生じさせる地震の際の地震波の伝わる模式図

沈み込まれる側のアセノスフェア内で地震波が減衰しやすく、沈み込んでいるプレート（地殻とリソスフェアのマントルを合わせた部分）内では地震波が減衰しにくい。

2 地震とプレートテクトニクス

1. 沈み込み帯での3タイプの地震

図3-9は日本周辺の地震分布を示している。この震源の分布から、比較的浅い地震（震源が0〜100km）は主として日本列島の東側（太平洋側）で起こっていて、より深い地震は西のほうで起こっていることがわかる。図3-10は東北日本付近の断面図に投影した震源分布である。図3-10でまず特徴的なのは、日本海溝から西に離れるに従って、震源の深さが次第に深くなっていることである。これらの震源は沈み込んだプレート（この場合は太平洋プレート）の内部で生じた地震である。「海洋プレート内地震」とよばれるが、プレートの沈み込んだ部分をスラブとよぶので、「スラブ内地震」と称されることもある。震源の深さが深いので、特に200kmよりも深い地震は深発地震とよぶこともあり、約700km程度まで起こりうる。これらの震源がスラブに沿って面状に分布することから、深発地震面、もしくは発見者の名から和達―ベニオフ面とよぶ。スラブ内地震に関係する断層はスラブ内での傾斜により、逆断層や正断層、時には水平に近い断層の場合がある。海溝に沈み込む前の海洋プレートには引っ張りの力が働いて正断層が発達することがある。このタイプで有名なのは1933年の三陸津波地震であり、陸上ではあまり揺れを感じなかったが、三陸地方に大きな津波の被害をもたらした。

図3-10で「海洋プレート内地震（スラブ内地震）」の西側に分布している地震が、沈み込むプレートと沈み込まれる陸側のプレートの境界で起こっている地震であり、「プレート境界地震」とよぶ[8]。1923年関東大地震や2003年十勝沖地震、2011年東北地方太平洋沖地震、三陸沖地震、宮城県沖地震、南海地震など多くの地震がこのタイプである。このタイプ

(8) しばしば「海溝型地震」とよばれることがあるが、西南日本弧に対応する海溝は南海「トラフ」である。また、1923年関東地震も海溝型地震であるが、フィリピン海プレートと北アメリカプレートの境界の1つである「相模トラフ」の海底下で生じた。

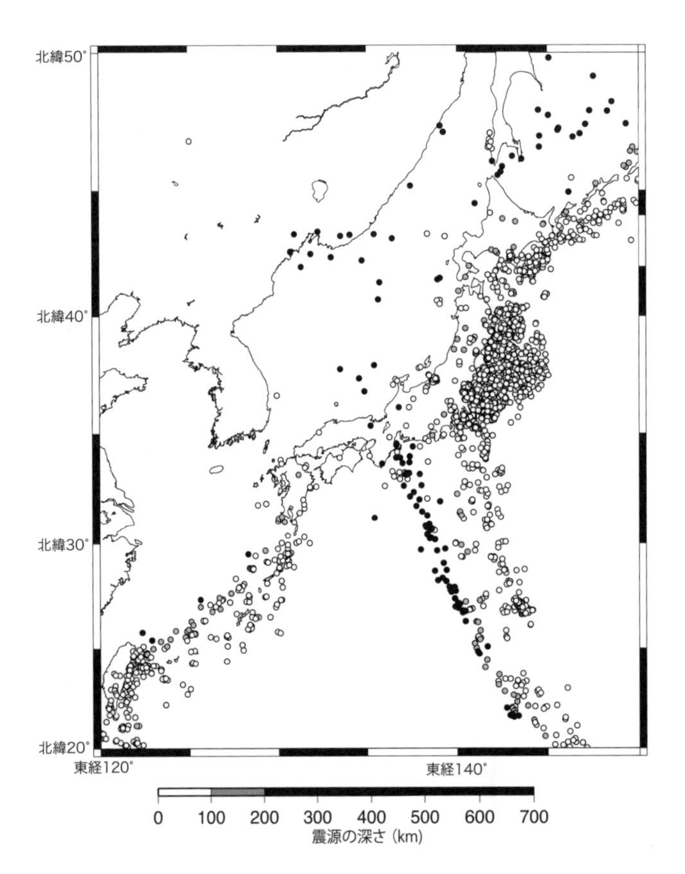

図3-9 日本列島周辺で2003年4月1日から2013年3月31日までに発生したM5以上の地震（2,136個）の震央分布
濃さの違いは震源の深さの違いを表す。
アメリカ地質調査所のデータに基づいて作成。

の地震に関連する断層は逆断層であることが観測から判明している。

プレート境界地震は2つのプレート境界でたまった歪みが解放されることで生じるが、歪みはプレート境界のすべてで蓄積されるのではない、ということが最近明らかになってきている。プレート境界のうち、特に強く接触している部分をアスペリティ（固着域）とよぶ（図3-12）。アスペリティ以外の部分は安定すべり領域とよばれる。アスペリティで一定期間たまった歪みが一気に解放されることで地震が生じ、再び固着し、歪みを蓄積する。アスペリティの物質的な実体はまだ判明していないが、その存在が個々の地域（海域）での地震の周期性をもたらしていると推測される。2011年東北地方太平洋沖地震では、より浅い、海溝に近い場所に、これまでに認識されていなかった大きなアスペリティが存在していて、そこで破壊が生じた可能性が指摘されている。

図3-10でさらに西側、深さ約50km程度までに分布する地震が「プレート内地震」である。1891年濃尾地震、1995年兵庫県南部地震や2004年新潟県中越地震の様に内陸で発生する地震がこのタイプに相当する[9]。太平洋プレートやフィリピン海プレートの沈み込みによって日本列島が圧縮されているために[10]、逆断層や横ずれ断層が発生し、生じる地震である。このタイプの地震の場合、地表地震断層が現れたり、過去の地震で現れた地表地震断層が再び動くことがある。過去100万年程度のうちに活動した可能性のある地表地震断層を「活断層」とよんで区別している（図3-13）。活断層は、中部・近畿地方に多く分布し、東北・九州地方には比較的少ない傾向があるが、2016年熊本地震は活断層が動いて生じた地震であった。活断層が最近形成され

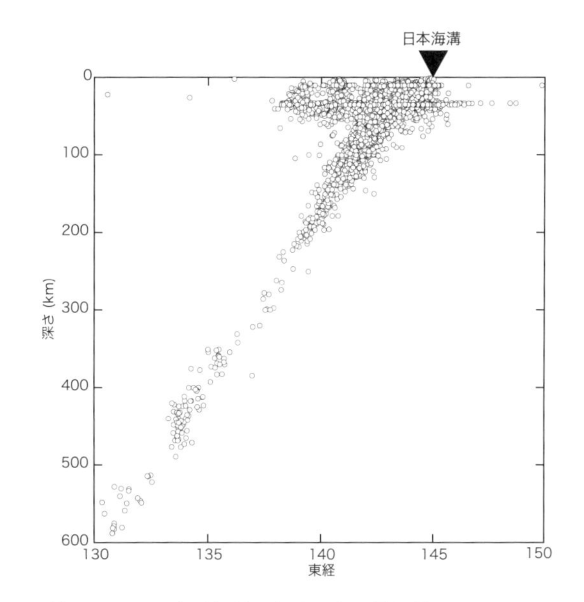

図3-10　1973年1月1日から2013年3月31日までの期間に、東北日本周辺（東経130°から150°、北緯38°から42°）で生じた地震（5,820個）の震源の断面図投影

地震データはアメリカ地質調査所による

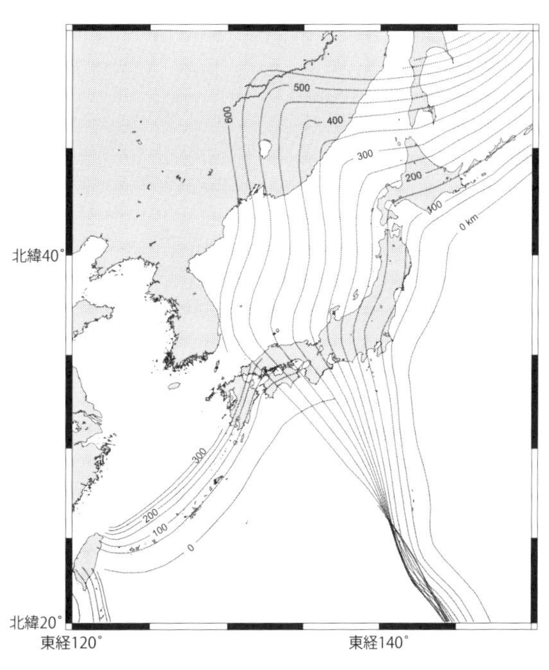

図3-11　沈み込んだプレート（スラブ）の日本列島周辺での深度

(9)「内陸地震」ともよばれるが、能登半島沖地震や福岡西方沖地震のように、必ずしも震央が陸域でない場合も多い。第1章で述べたような、地質的な意味での陸ではあるので、注意が必要である。

(10) 伊豆半島周辺以外は、たとえ西南日本であっても、太平洋プレートによる圧縮の影響が大きい。

た地形をずらしているような場合は、地形図や航空写真から断層を判定することが可能である。地形に残されている痕跡は、活断層の活動のこれまでの積算となるので、その断層がいつ頃活動したのかを、断層沿いの地層の変化で調査することが可能である。1995 年兵庫県南部地震の後、各地で活断層の調査が進められ、長い間活動しておらず、近い将来に再び活動する（すなわち地震を起こ

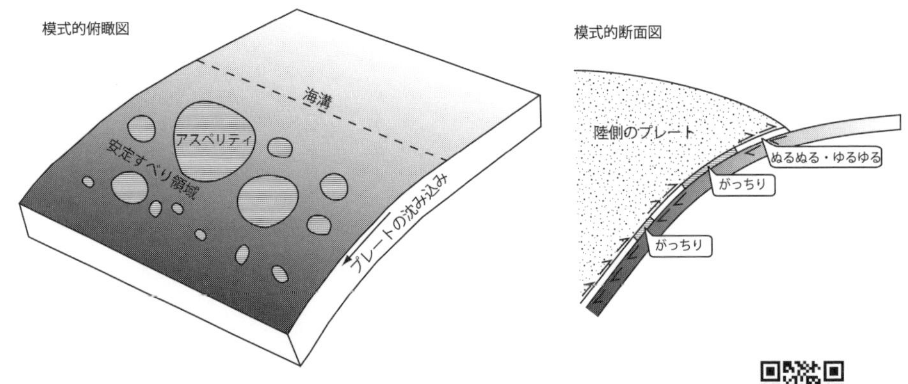

図 3-12　プレート境界での２つのプレートの接触の様子を示した模式図

左図は沈み込む側のプレートだけを示した。

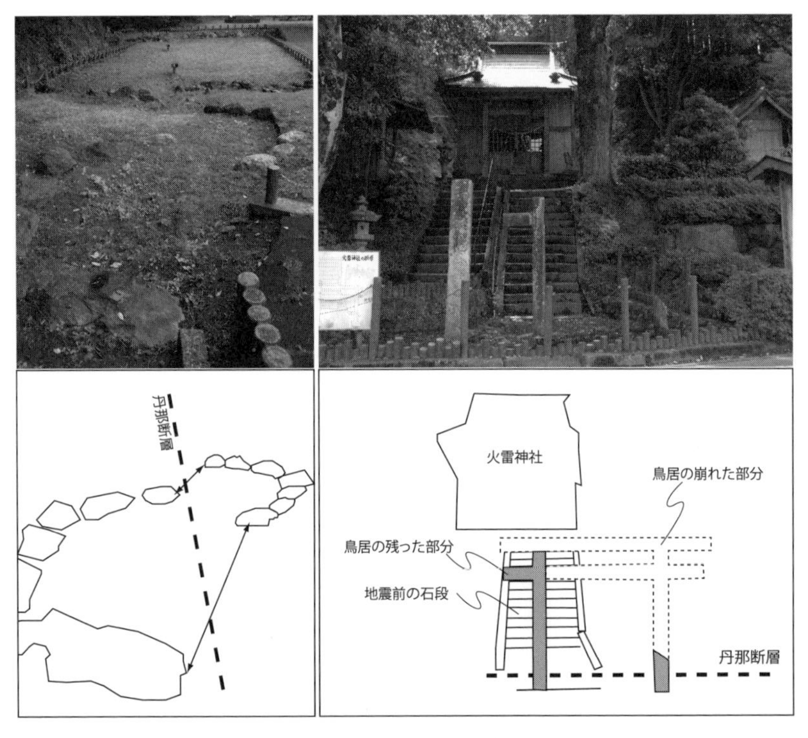

図 3-13　活断層の一例、静岡県の丹那断層

1930 年の北伊豆地震に関係する地震断層が丹那断層である。建設中の丹那トンネルをずらしたことで有名である。丹那トンネル掘削については、吉村昭『闇を裂く道』に詳しい。

(左) 函南町丹那断層公園。半円形に並んだ石はもともと円形に配列していたが、断層運動によってずれた。

(右) 函南町火雷神社。鳥居と石段・神社は本来まっすぐに配列していたが、鳥居と石段の間にある断層の運動によりずれた。

す）可能性のある断層が多数見つかっている。

以上のように、日本列島周辺の地震は、「海洋プレート内地震（スラブ内地震）」、「プレート境界地震」、「プレート内地震」の３つのタイプに分けられる（図 3-14）。これは他の沈み込み帯でもほぼ同様である。そのため、日本列島を始めとする沈み込み帯では、地震の被害が非常に多い。

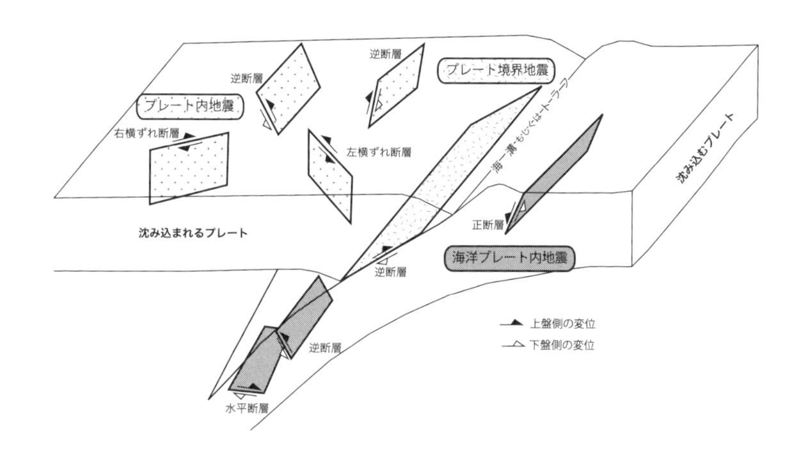

図 3-14　沈み込み帯で生じる３タイプの地震

内閣府地震調査委員会の資料に基づいて作成

2. プレートの発散境界・平行移動境界での地震

発散境界でも地震は発生する。発散境界の代表である中央海嶺では、プレートが離れる方向に引っ張る力が発生するので、正断層を形成するような地震が発生する。だだし、中央海嶺の拡大軸部ではマグマ形成が生じていて（第４章）暖かいために、岩石の脆性破壊が生じにくい。そのため、中央海嶺付近の地震は、拡大を起こしている拡大軸部よりは、拡大軸どうしを繋いでいるトランスフォーム断層沿いで生じている。図 3-15 は、大西洋中央部の赤道付近で、2022 年 4 月 1 日から 2023 年 3 月 31 日までの 1 年間に発生した地震の震央を示しているが、拡大軸をつなぐトランスフォーム断層沿いで生じていることがわかる。これらのトランスフォーム断層沿いに発生した地震のデータを解析すると、トランスフォーム断層沿いでは、横ずれ断層を形成するような地震が発生していたことがわかった。震源の深さは、拡大軸部の正断層に関係する地震の場合もトランスフォーム断層沿いの横ずれ断層に関係する地震の場合も、いずれも浅く、この例ではおおよそ 10km 程度までの深さの場合が多い。

大陸地殻内に発達するトランスフォーム断層は、海洋地殻に発生する場合よりも、大陸地殻の変形のしやすさや長い地質時代の間に形成された既存の構造（地層の境界やほかの断層）の影響でより複雑になっている。アメリカ合衆国カリフォルニア州に発達するサンアンドレアス断層はそのようなトランスフォーム断層の代表例であり、長さは 1,100km にもおよぶ。サンアンドレアス断層は右横ずれの成分をもつ断層であるが、北アメリカプレートと太平洋プレートという 2 つのプレート境界であるトランスフォーム断層となっている（図 3-16）。図に示したのは、主たる断層であるが、その周辺にも派生した断層が数多く発達し、そ

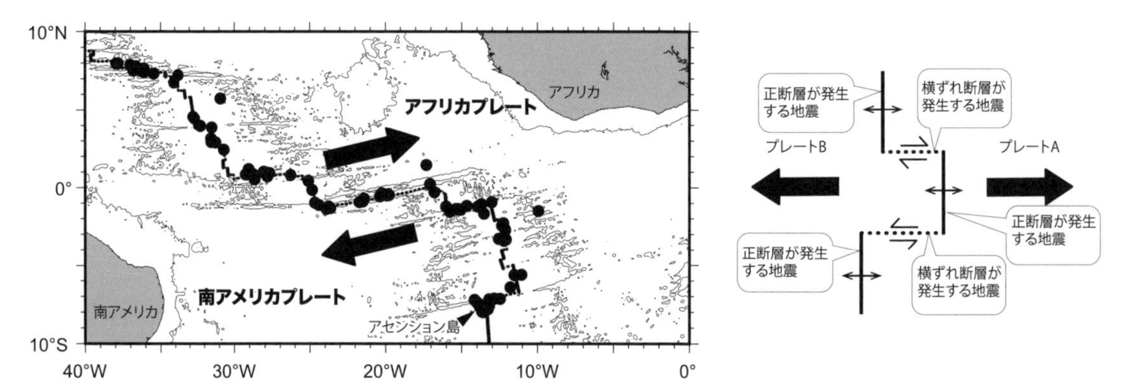

図 3-15 大西洋中央部で発生した地震の震央

アメリカ地質調査所のデータベースより 2022 年 4 月 1 日から 2023 年 3 月 31 日に発生した地震データを検索。右は中央海嶺付近で生じる地震のタイプについて模式的に説明した図。プレート境界の凡例は、図 2-18 と同じ。

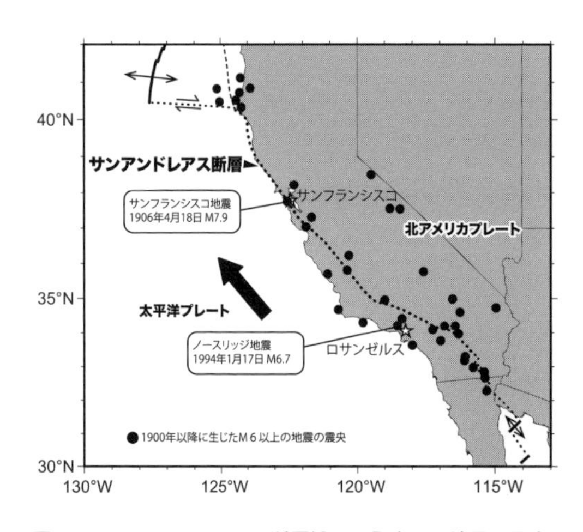

図 3-16 サンアンドレアス断層沿いで発生した地震の震央

アメリカ地質調査所のデータベースより 1900 年以降に発生した地震のうち、M6 以上のものをプロット。太黒矢印は北アメリプレートに対する太平洋プレートの移動方向を示す。細矢印はそれぞれの場所でのプレートの移動方向を示す。プレート境界の凡例は、図 2-12 と同じ。

れらに沿って地震が多数発生している。1906 年のサンフランシスコ地震（M7.9）や 1994 年のノースリッジ地震（M6.7）は、サンフランシスコやロサンゼルスといった大都市の近傍が震央となっており、震源の深さも浅く（サンフランシスコ地震：11.7km、ノースリッジ地震：18.2km）、大きな被害をもたらした。

これ以外にも、トルコのアナトリア半島周辺には、アナトリアプレートとユーラシアプレートの間のトランスフォーム断層である北アナトリア断層、アナトリアプレートとアラビアプレートの間のトランスフォーム断層である東アナトリア断層が発達しており、北アナトリア断層沿いで 1999 年 8 月 17 日に M7.4 の地震（イズミット地震）が、東アナトリア断層沿いで 2023 年 2 月 6 日に M7.8 の地震（トルコ・シリア地震）が発生しており、甚大な被害をもたらした。

3. 地震の周期性

地震の周期性を議論する際に注意すべきは、ある場所を揺らした地震、ということで考えてはいけないということである。たとえば東京では、千葉県沖や茨城県南部、また相模湾や駿河湾（時にはもっと遠方）に震源をもつような揺れを感じる。このように、ある地域を揺らすすべての地震で考えると、ほぼ毎日地震が起こっているのであり、周期性などはみえなくなる。したがって、周期性を議論するときには、どこが揺れたかということよりも、どこで起こった地震なのか、を見極める必要がある。

昨今、大規模都市圏に被害を及ぼすと想定されている「東海地震」「東南海地震」「南海地震」は100〜150年の周期で起こっている（図3-17）。つまり、この地域のアスペリティは100〜150年分の歪みが蓄積されると破壊するようである。1970年代に東海地震に注目が集まった当初は、隣接する南海地震・東南海地震の震源域が1944年・1946年の地震で破壊されたにもかかわらず、東海地震の震源域は100年以上も破壊されておらず、相当の歪みが蓄積されていると考えられた。そのため緊急に監視が必要だということになったのであるが、その後の進展した研究結果に基づくと、南海トラフ沿いの巨大地震は多くの場合、南海・東南海・東海地震が同時もしくはほぼ同時（数年の間隔がある）に生じており、東海地震だけが単独で起こることはないらしい。またこの巨大地震は紀伊半島の沖合（図3-17のBとCの間）で破壊を開始し、西へ向かった破壊が南海地震を、東へ向かった破壊が東南海地震を生じさせ、さらに東へ破壊が進行した場合に東海地震が起こると推測されている。

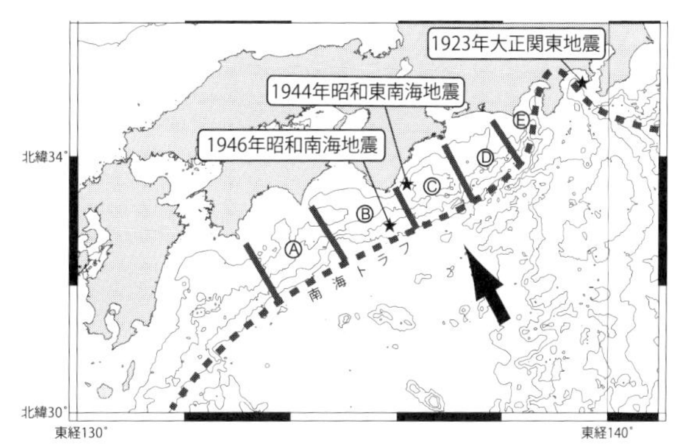

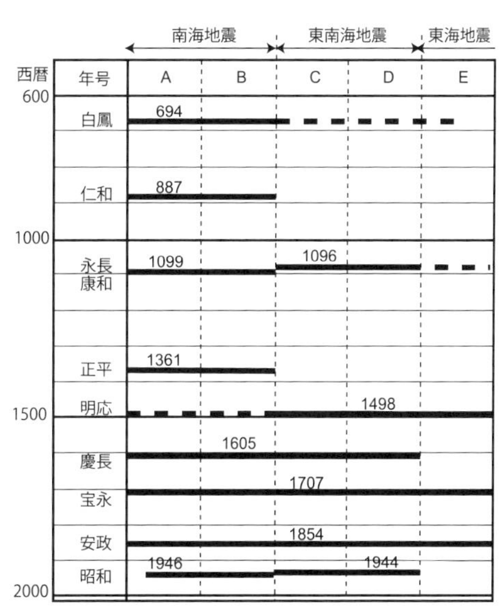

図3-17　フィリピン海プレート北端部での巨大地震の時空間図

中央防災会議（2001）を参考に作成。最近では、Aより西側の日向灘の地震も一連の地震として考えるべきともいわれている。

南海トラフ沿いに発生する地震のように、地震は周期的に起こっているようである。ある地震を引き起こすアスペリティを考えたとき、破壊が起きる歪みの大きさはアスペリティごとにいつも同じ値になるのであろう。したがって、一度地震が起こってしまうと、歪みがほぼ同じ大きさになるまで、次の地震は起こらない。歪みの原因である応力は、沈み込むプレートによる圧縮力などが原因なので、ほぼ一定の割合で歪みは増加し、限界に達するまでの時間もいつでもほぼ一定であると考えれば、周期性に説明がつく。

政府の地震調査会は、多くの地震がこのような周期性をもっているという考えから、それぞれの地震の長期発生確率を発表している（表3-2および表3-3）。プレート内地震についても、プレート境界地震についても、今後30年以内の発生

表 3-2　プレート内地震のうち発生確率の高い（Sランク：30年以内の発生確率が 3%以上）の活断層

地震調査委員会資料（http://www.jishin.go.jp）に基づく。
算出基準日は 2023 年 1 月 1 日。

地　域	断層帯の名称（活動区間）	予想される M
北海道	サロベツ断層帯	7.6 程度
	黒松内低地断層帯	7.3 程度以上
東　北	庄内平野東縁断層帯（南部）	6.9 程度
	新庄盆地断層帯（東部）	7.1 程度
	山形盆地断層帯（北部）	7.3 程度
関　東	三浦半島断層帯（竹山断層帯）	6.6 程度もしくはそれ以上
	三浦半島断層帯（衣笠・北武断層帯）	6.7 程度もしくはそれ以上
	塩沢断層帯	6.8 程度以上
甲信越	富士川河口断層帯	8.0 程度
	糸魚川静岡構造線断層（北部）	7.7 程度
	糸魚川静岡構造線断層（中北部）	7.6 程度
	糸魚川静岡構造線断層（中南部）	7.4 程度
	境峠・神谷断層帯（主部）	7.6 程度
	木曽山脈西縁断層帯（主部・南部）	6.3 程度
	櫛形山脈断層帯	6.8 程度
	十日町断層帯（西部）	7.4 程度
	高田平野東縁断層帯	7.2 程度
中　部	砺波平野断層帯	7.0 程度
	呉羽山断層帯	7.2 程度
	森本・富樫断層帯	7.2 程度
	高山・大原断層帯（国府断層帯）	7.2 程度
	阿寺断層帯（主部・北部）	6.9 程度
近　畿	琵琶湖西岸断層帯（北部）	7.1 程度
	奈良盆地東縁断層帯	7.4 程度
	上町断層帯	7.5 程度
中　国	宍道（鹿島）断層	7.0 程度もしくはそれ以上
	弥栄断層	7.7 程度
	安芸灘断層帯	7.2 程度
	周防灘断層帯（主部）	7.6 程度
	菊川断層帯（中部）	7.6 程度
四　国	中央構造線断層（石鎚山脈北縁西部）	7.5 程度
九　州	福智山断層帯	7.2 程度
	警固断層帯（南東部）	7.2 程度
	雲仙断層群（南西部・北部）	7.3 程度
	日奈久断層帯（八代海区間）	7.3 程度
	日奈久断層帯（日奈久区間）	7.5 程度

確率が公表されている。地震以外の自然災害や事故の今後 30 年以内の発生確率は、交通事故で負傷が 24%、火災で被災が 1.9%、大雨で被災が 0.5%、台風で被災が 0.48%、交通事故で死亡が 0.2% 程度とされている。交通事故や火災は、日頃注意していれば避けることはできるが、自然災害は避けることができない。また、大雨や台風といった自然災害に比べて、被害・影響が広範囲に渡ることも地震災害の特徴である。地震を身近な危険として捉え、発信されている情報を積極的に入手し、それらに基づいて対策を考えておくことが市民として必要である[11]。

ただし、2011 年東北地方太平洋沖地震の 1 つ前の M9 クラスの超巨大地震が、平安時代貞観年間の地震（西暦 869 年貞観地震）と考えられているように、私たちが観測している期間より、はるかに長い間隔で動くアスペリティがないとはいい切れない。西南日本における地震の記録は、都が京都にあったこともあり、古くから残っているが、それでもまだ 1000 年あまりしか経っていない。東北地方や北海道で生じた地震は、当時の朝廷や幕府の権力が広がって以降は記録に残るかもしれないが、1000 年を遡るのが精一杯である。したがって、「1000 年に一度」を越えるような地震について、文字で残されている記録は期待できないということである。また、古文書に記録されていても、古い時代の地震ほど、記述の精度は良くない。そのため、古文書を始め、津波によって形成された海岸付近の地層など、可能な限りさまざまな記録を用いて、過去の地震規模を推定し、現状に照らし合わせる作業は必要である。

(11)　表に挙げた以外の地震については、http://www.jishin.go.jp/ を参照のこと。

表 3-3　プレート境界地震のうち発生確率の高い海域
（Ⅲランク：30年以内の発生確率が 26%以上およびⅡランク：30年以内の発生活率が 3～26%）
地震調査委員会資料（http://www.jishin.go.jp）に基づく。算出基準日は 2023 年 1 月 1 日。

海域		予想される M	ランク
千島海溝	根室沖から色丹島沖及び択捉島沖	8 程度	Ⅲ
	十勝沖	8 程度	Ⅱ
日本海溝	青森県東方沖から岩手県沖南部	7.0~7.9 程度	Ⅲ
	宮城県沖	7.0~7.5 程度	Ⅲ
	宮城県沖	7.9 程度	Ⅱ
	福島県沖から茨城県沖	7.0~7.5 程度	Ⅲ
	青森県東方沖から房総沖の海溝寄り	8.6~9.0 程度	Ⅲ
相模トラフ	相模トラフ（1923 年大正関東地震型）	7.9~8.6 程度	Ⅱ
	相模トラフ（1894 年明治東京地震型）	6.7~7.3 程度	Ⅲ
南海トラフ	南海トラフ	8~9 程度	Ⅲ
	日向灘	7.0~7.5 程度	Ⅲ
南西諸島海溝	与那国島周辺	7.0~7.5 程度	Ⅲ
日本海東縁	秋田県沖から佐渡島北方沖	7.5~7.8 程度	Ⅱ

4. 地震に関する経験則

地震にはいくつかの経験則があり、それを用いて、発生した地震の経過や将来生じる地震の規模などの推定を行っている。ただし、あくまでも経験則であって、どのような物理過程によってそれらの規則性が生じているのかについては不明なものも多い。これらの物理過程の解明は、今後の大きな課題である。

（1）　余震発生数の減衰

大きな地震（本震）が発生した後に、その震源の周辺で小さな地震が発生することがある。このような地震を余震（よしん）とよぶ。このような地震は、本震を引き起こした震源断層の中や周辺で破壊現象が継続していることで生じると考えられる。余震の数は、本震の発生直後が多く、次第にその発生回数は減っていく。

この余震の数の減衰について、経験的に示したのが「改良大森公式」とよばれるモデルである。「改良大森公式」では、本震発生からの経過時間を t とすると、そのときの余震発生率 f が、

$$f = K / (t + c)^p$$

により求められる。ここで、K、c および p は定数であり、p は通常 1 よりやや大きいくらいの値をとる。

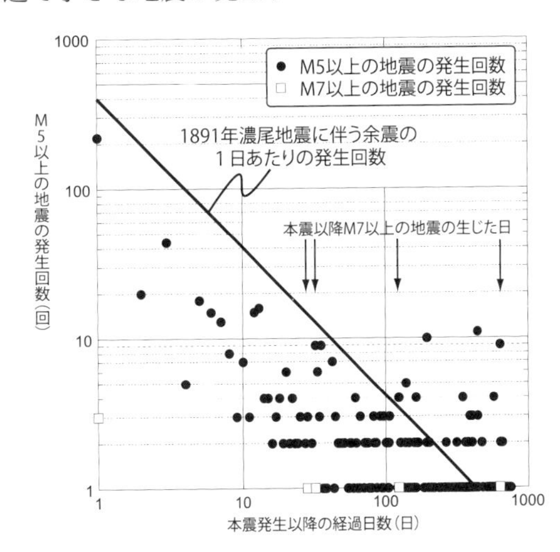

図3-18　2011年東北地方太平洋沖地震後の東北地方沖におけるM5以上の地震の発生回数の変化

気象庁公表のデータに基づいて作成。Utsu（1969）による 1891 年に発生した濃尾地震にともなう余震の 1 日当たりの発生回数の変化も示した。

実際には、経過時間と発生回数のそれぞれを対数目盛のグラフに書き表すと、傾きが負の直線に

なることでこの経験則が正しいことがわかる(図3-18)。おおよそ本震の発生から10日経つと発生回数は10分の1に減り、100日経つと100分の1に減少する。ただし、対数表示で直線関係になっていることからもわかるとおり、10日目から20日目までの10日間には10日目の2分の1にしか減らない。

(2) 発生した地震のマグニチュードと頻度の関係

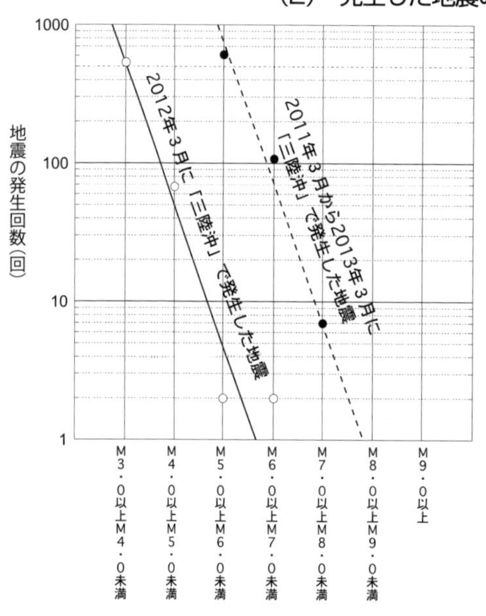

図3-19　震央地「三陸沖」において、2011年3月から2013年3月までに発生した地震(●)と2012年3月に発生した地震(○)のM毎の発生回数

気象庁公表のデータに基づいて作成。線は傾き－1の直線を表す。ほぼグーテンベルク・リヒター則に従っていることがわかる。

大きな地震ほど発生回数が少なく、小さな地震ほど発生回数が多いことは経験的にもわかることである。これを示したのが、グーテンベルク・リヒター則である。グーテンベルク・リヒター則は、Mをマグニチュード、NをそのMの地震の発生頻度とすると、

$$\log N = a - bM$$

で表されるというものである。ここで、a、bは定数であり、おおよそ1前後の値となる。

LogNというのは、発生頻度の対数を求めたものであるから、これがある数値Yとなるとすると、グーテンベルク・リヒター則は、Y＝a－bMとなり、横軸にマグニチュードMをとった、傾きがおおよそ－1のグラフになる、ということを示している。したがって、Mが1大きいと発生回数は10^{-1}だけ大きくなる(つまり10分の1になる)(図3-19)。

(3) 活断層の規模に関する経験則

松田(1975)によって次の式が提案されている。まず、活断層の長さをL(km)とし、その活断層が動いて生じる地震の規模(M)は、

$$\log L = 0.6M - 2.9$$

で示される。

また、一度の活動で活断層がずれる長さをD(m)とすると、

$$\log D = 0.6M - 4.0$$

で示される。

これらの経験則は、長い活断層ほど大きな規模の地震を発生させ、かつ1回の変位(断層に沿うずれの大きさ)も大きいことを意味している。したがって、地表に何十kmにもわたる痕跡を残しているような活断層には、特に注意が必要である。一方で、深部で発生した地震による断層や厚い堆積物に覆われた場所の断層は地表に明瞭な痕跡を残さないこともあるし、一部しか地表に表れて

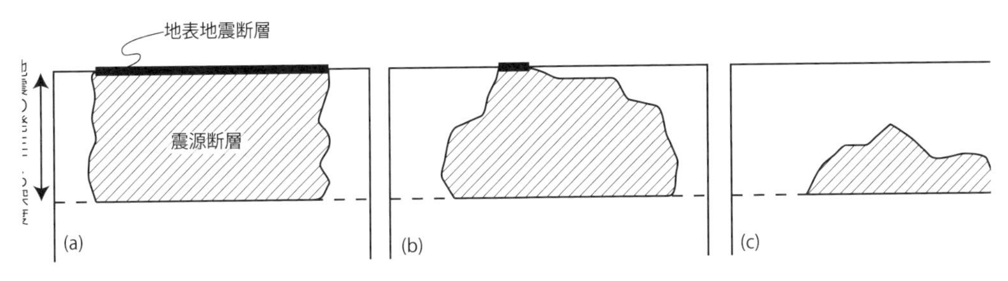

図 3-20　震源断層と地表地震断層の関係　島崎（2009）などを参考に作成。

(a) 震源断層の規模と地表地震断層の長さが一致する場合。(b) 震源断層の一部しか地表地震断層として現れていない場合。地表地震断層の長さから想定される M は実際の震源断層で放出された M よりも小さく求められる。(c) 震源断層が地表地震断層として現れていない場合。「未知」の断層が動いて地震を起こすという認識につながる。

いないような断層もありえる（図 3-20）。このような場合は、M を過小評価することにつながるので、地表の地形・地質調査や地球物理学的手法を用いた地下構造探査などを行い、詳細な検討をする必要がある。

3 地震災害とその軽減

1. 津　波

津波は地震によって海底の盛り上がりや沈降につれて、その上の海水が盛り上がったり、落ち込んだりすることで生じる。1983 年日本海中部地震（M7.7）では地震発生から約 10 分で日本海側の沿岸に津波が到達した。青森県から秋田県の男鹿半島にかけて 6m 以上（最大 14m）の津波が観測され、100 名の死者が出た。また、1993 年北海道南西沖地震（M7.8）では、地震発生の数分後に津波が奥尻島に到達し、約 20m の高さの津波が襲い、200 名以上の死者が出た。津波は一般的に映像に残りにくいが、2004 年のスマトラ島地震では、観光客などが撮影したビデオなどによってその全容が明らかになった。2011 年東北地方太平洋沖地震では、場所によっては 40m を超える津波が押し寄せ、想定されていた被災域を超えて津波が到達した。津波は平坦な海岸線よりも島や岬、半島などでエネルギーが集中し、高い波になることがあるので注意が必要である。また、津波は陸などに反射し、一度だけではなく何度も押し寄せることがあり、第一波よりも後続の津波の方が規模が大きいこともある。地震が発生した際、津波による被害も想定される場合には、気象庁から大津波警報、津波警報または津波注意報が発表されることとなっているが、地震の規模や位置の推定、さらに沿岸で予測される津波の高さなどの計算には時間がかかり、警報等の発表には早くとも 2～3 分を要する。したがって、震源が近い場合は警報等が間に合わない場合も想定されるので、海岸付近で地震に遭遇した場合は 1 秒でも速く、1mm でも高い場所へ逃げることが必須である。

2. 液状化

図 3-21　(左) 液状化の模式図　振動によって砂粒子の間にあった間隙水が上方に抜けていく。
(右) 液状化によって飛び出したマンホール　東北地方太平洋沖地震の際に千葉県の東京湾岸の街で生じたもの。約 1 年後の 2012 年 5 月に撮影。

海岸付近の砂がちな土地や埋立地では「液状化」とよばれる現象がおきることがある。これは砂と砂の粒子の間にたまっていた間隙水が、地震で振動を受けることによって、抜け出して上方へ移動し、ジャブジャブの泥水になってしまう現象である（図 3-21）。そのような場所に建物や配管があると、浮き上がったり、倒壊の危険もある。2003 年十勝沖地震や 2004 年新潟県中越地震、2024 年能登半島地震など多くの地震の際に液状化が観察されており、2011 年東北地方太平洋沖地震の際には首都圏の海岸沿いの埋立て地などでも大きな被害となった。

3. 緊急地震速報

震源に近い観測点に到達した P 波の大きさから、その地震の規模や揺れの大きさを予測し、それよりも遠い地点への S 波の到達前に速報として配信する仕組みが緊急地震速報である（図 3-22）。日本国内には気象庁のほか、防災科学技術研究所や各自治体が併せて 4,000 以上の地震計が設置されており、そのような観測網の整備で、可能となった仕組みである。テレビ・ラジオ・携帯電話などで発表される「緊急地震速報（警報）」の場合、震度 5 弱以上の揺れが予想される場合に、震度 4 以上の地域に対して発表される。

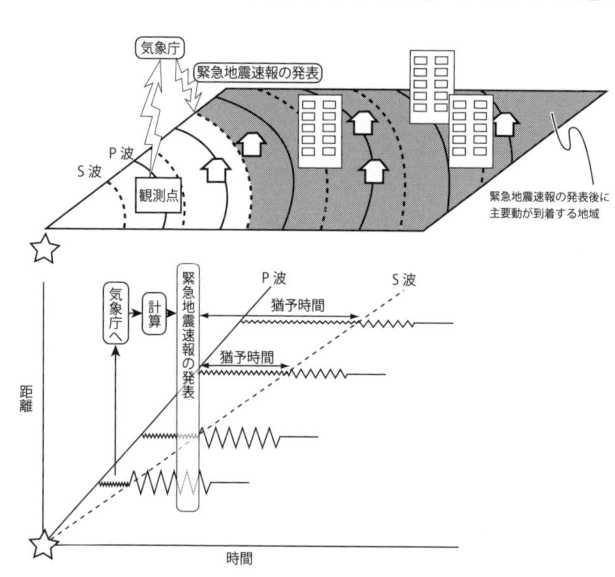

図 3-22　緊急地震速報の仕組み

震源に近い観測点で得られた揺れの情報を気象庁で計算する。その結果、大きな揺れが予想される場合、緊急地震速報が発表される。グレーで塗られた地域は、緊急地震速報の後に主要動が到着する、すなわち「猶予時間」が 0 秒以上の地域。

地震波には P 波と S 波がある。ある観測点には、P 波が先に到着し、初期微動を起こし、その後、S 波が到着し、大きな揺れ（主要動）を引き起こす。

今、P 波の速度を Vp（km/s)、S 波の速度を Vs（km/s）とする。震源から距離

x (km) の離れた観測点にそれぞれの波が到着する時間は、

P 波については、

$$\frac{x}{\mathrm{Vp}} \quad \cdots\cdots \text{式 (1)}$$

S 波については、

$$\frac{x}{\mathrm{Vs}} \quad \cdots\cdots \text{式 (2)}$$

となる。初期微動が続いている時間、すなわち初期微動継続時間（t 秒）は、P 波が到達してから S 波が到達するまでの時間なので、式 (2) から式 (1) を引いて、

$$t = \frac{x}{\mathrm{Vs}} - \frac{x}{\mathrm{Vp}} = \frac{\mathrm{Vp} - \mathrm{Vs}}{\mathrm{Vs} \cdot \mathrm{Vp}} x \quad \cdots\cdots \text{式 (3)}$$

となる。

したがって、震源からの距離 x に比例して、初期微動継続時間が長くなる。このことを利用し、震源に近い場所でやってくる揺れの大きさを予想し、離れた地点で初期微動が始まる前や、初期微動の継続中に、主要動の大きさを通報することが、最近の技術で可能になった。地震波の速度は速い P 波でも毎秒約 6km、S 波では毎秒約 3～4km である。それに対してネットワークを伝わる電気信号はほぼ光の速さ（毎秒 30 万 km）に近いために、震源から離れた地域に地震波よりも速く情報を伝えることが可能となったのである。

ただし、万能ではないことも明らかになっている。まず、震源に非常に近い場所では、緊急地震速報よりも先に S 波が到着することもありうる [12]。また、地震計の大部分は陸地に設置されているので、震源が海域であった場合は、最初に P 波を検知した地震計と後ろの地域の距離が近いために、猶予時間は一般的に短くなる [13]。さらに、いわゆる「直下型」の地震の場合も、地震計の大部分は地表近くにしか設置されていないために、やはり最初に P 波を検知した地震計との各地域の距離が短く、猶予時間は一般的に短くなる。このような点を理解した上で、それでも「ほんの数秒」でも情報が速く伝わることを活かして、日頃から自分自身で対応を想定しておく必要がある。

なお、式 (3) を x について解けば、

$$x = \frac{\mathrm{Vs} \cdot \mathrm{Vp}}{\mathrm{Vp} - \mathrm{Vs}} t \quad \cdots\cdots \text{式 (4)}$$

が求まる。日本列島の地表近くの P 波と S 波の速度を式 (4) に代入すれば、おおよそ $x = 8t$ が得られる。このことから初期微動継続時間におおよそ 8 を掛ければ、その場所から震源までの距離が推定できる。

(12)　緊急地震速報が発表されてから S 波（主要動）が到達するまでの時間差を「猶予時間」とよぶ。

(13)　近年、海底に地震計を設置し、それを光ケーブルで陸上の地震観測網と接続する計画が進められている。このような観測が本格的に動き出せば、海域の地震についても緊急地震速報をこれまで以上に速く発出できるようになると期待される。

マグマ学

1 岩石とその成因

1. 結晶と鉱物

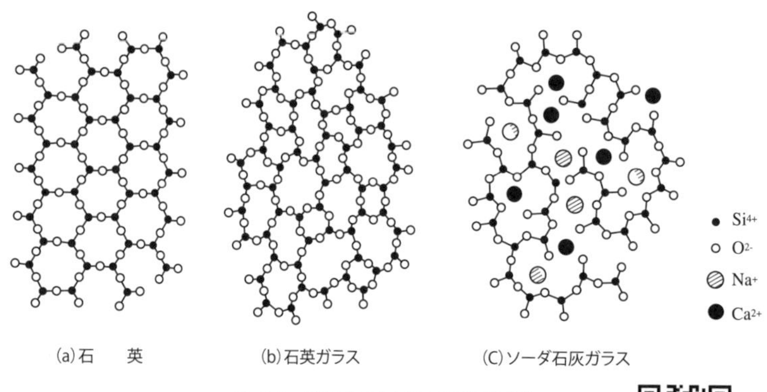

図 4-1　結晶と非晶の原子配列の違い

結晶である (a) の石英は原子が規則的に配列しているが、(b) や (c) のガラスは原子配列が不規則である。

原子やイオンが規則的に配列した内部構造をもつ固体の物質を結晶（crystal）とよぶ。「ガラス」は固体で、時に宝石のようにきらきら光り、結晶に似ているが、内部の原子配列は不規則である（図 4-1）。ガラスのような物質を非晶、そのような性質をもつ物質を非晶質とよぶ。

結晶のうち、「地質学的な過程を経て形成された固体物質」を特に鉱物（mineral）とよんでいる。人工的に作られたものは、たとえ結晶であっても鉱物ではない。人工水晶は、そのような結晶であっても鉱物ではないものの一例である。鉱物には一般的に、複数の元素が含まれているが、金のように単一の元素からなる鉱物もある。

2. 岩石とマグマ

鉱物の集合体が岩石 (rock) である[1]。岩石は複数の鉱物で構成される場合が多い。岩石は成因によって、火成岩・堆積岩・変成岩に区分される。

火成岩 (igneous rock) とはマグマが冷え固まってできた岩石である。火成岩を分類する方法にはさまざまなものがあるが、組織と化学組成、鉱物の種類・割合によって分類される。地表もしくは地表近くで冷え固まった火成岩を火山岩（volcanic rock)、地下深部で冷え固まった火成岩を深成岩 (plutonic rock) とよぶ（図 4-2 a～c)。

(1)　結晶ではない物質、すなわち非晶のガラスで構成されている岩石もある。黒曜石は流紋岩という岩石と同じような成分であるが、急冷したため形成されたガラスからなる岩石である。また玄武岩の溶岩が急冷すると周囲や内部にガラスが形成される。

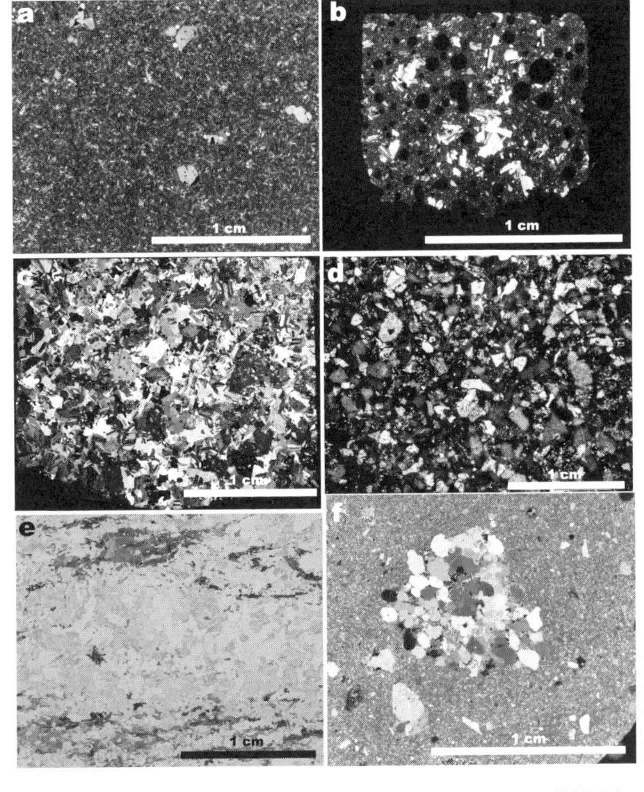

(a) **火山岩の一種（玄武岩）**。斑晶（かんらん石）は少なく、点在している。中央インド洋海嶺産。

(b) **火山岩の一種（安山岩）**。斜長石が集まってやや大きめの斑晶を形成している。丸くなっている部分は、溶岩に含まれていたガス成分が抜けた穴。沖縄トラフ伊良部海丘産。

(c) **深成岩の一種**。閃緑岩。丹沢山地産。

(d) **堆積岩**。やや丸みを帯びた粒子が集まっている。粒子と粒子の間は細かい泥のようなもので埋められている。南西インド洋海嶺産。

(e) **変成岩**。写真の上下にみられる、鉱物粒子の横方向への配列が特徴的。南極大陸棚で採取。

(f) **マントルかんらん岩**。かんらん岩は厳密には火成岩ではないが、マグマの起源となる岩石なので特に示した。粗粒のかんらん石が特徴的。島根県壱岐島後の玄武岩中の捕獲岩。

図 4-2　岩石の顕微鏡写真

堆積岩（たいせきがん）(sedimentary rock) は岩石が分解した鉱物や岩石片が再び集まって固まったものである（図 4-2 d）。砂が固まると砂岩、泥が固まると泥岩となる。砂・泥といった粒子は、もともと存在していた岩石が細かくなった粒子であり、砕屑粒子ともよばれる。砕屑粒子はその大きさ（粒径）により区分される。

変成岩（へんせいがん）(metamorphic rock) は岩石が温度や圧力を被って別の岩石に変化したものを指す（図 4-2 e）。一般的には融けることなく、鉱物の組み合わせが変化する。マグマが地層に貫入することで接触部での温度が高まる接触変成作用や圧力が高まることによって生じる広域変成作用がある。

マグマ (magma) とは、岩石が温度や圧力が高くなることによって融け、液体になったものを指す。火山の深部にはマグマが存在するが、それが地表に噴火した場合は溶岩（ようがん）(lava：ラバ) とよび、区別している。

3. ケイ酸塩鉱物

地殻や上部マントルの岩石を構成する鉱物の大部分は、珪素 (Si) の周囲に、4 つの酸素 (O) が、四面体を構成するように配置された、SiO_4 四面体を基本的な構造とする、ケイ酸塩鉱物（さんえんこうぶつ）(silicate minerals) である。Si と O を主とする鉱物

表 4-1　代表的なケイ酸塩鉱物

和名（英名）	理想化学組成式
かんらん石（olivine）	$(Mg,Fe)_2SiO_4$
輝石（pyroxene）	$(Ca,Mg,Fe,Al,Ti)_2\ (Si,Al)_2O_6$
角閃石（hornblende）	$Ca_2(Mg,Fe)_4Al(Al,Si)_7O_{22}(OH)_2$
白雲母（muscovite）	$KAl_2(Al,Si)_3O_{10}(OH,F)_2$
長石（feldspar）	$(K,Na,Ca)(Al,Si)_4O_8$
石英（quartz）	SiO_2

が、地殻やマントルに多いことは、それらの化学的特徴（第 1 章）からも推定できる。

主要なケイ酸塩鉱物を表 4-1 に示す。ケイ酸塩鉱物のうち、鉄やマグネシウムといった元素が含まれる鉱物を特にマフィック（mafic：苦鉄質）鉱物とよぶ。マフィック鉱物を顕微鏡で観察すると色が付いているので有色鉱物ともいう。一方、長石や石英には鉄やマグネシウムが含まれず、フェルシック（felsic：珪長質）鉱物とよばれ、顕微鏡観察では無色であることから無色鉱物ともいう。

4. 火成岩の分類

マグマが冷えて固まってできた火成岩は、その組織と化学組成（および化学組成を反映した鉱物の種類・組み合わせ）に基づいて分類される（図 4-3）。

組織に基づいた分類では、火成岩は大きく深成岩と火山岩に区分される（図 4-2 a〜c）。どの鉱物もほぼ同じ大きさをしているような組織を等粒状組織[(2)]といい、マグマが地下深くでゆっくり冷え固まったときに形成される。このような組織をもつ火成岩を深成岩とよぶ。一方、いくつかの大きな鉱物を細粒の鉱物やガラスが取り囲んでいるような組織を斑状組織とよび、比較的大きな鉱物を斑晶（はんしょう）、周りを取り囲む細粒の鉱物やガラスを石基（せっき）とよぶ。この組織はマグマが地表や地表近くで急速に冷え固まったときにでき、このようにしてできた火成岩を火山岩と称する。

さらに、マグマの組成を反映した鉱物の種類と割合によって細分される。火山岩のうち、斑晶鉱物としてかんらん石・輝石・Ca に富む斜長石を含むよ

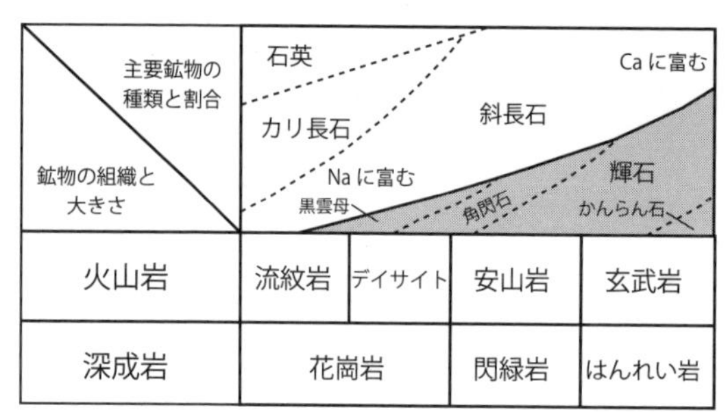

図 4-3　組織と構成鉱物の割合に基づいて火成岩を区分した図

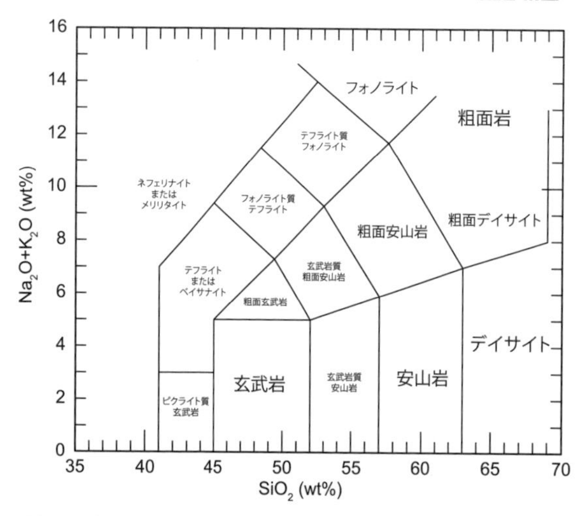

図4-4　火山岩の化学組成のうち、横軸に二酸化ケイ素（SiO_2）、縦軸に酸化ナトリウム（Na_2O）と酸化カリウム（K_2O）の含有量（重量パーセント）をプロットすることで火成岩を分類する図

うな岩石は玄武岩である。同じようにかんらん石・輝石・Caに富む斜長石を含んでいても、それらがほぼ同じような大きさで、等粒状組織であれば、はんれい岩と区分される。ただし、天然の岩石のなかには、輝石や斜長石を含まない玄武岩も、かんらん石を含まないはんれい岩も存在する。そのため、特に火山岩の場合は岩石の化学組成に基づいて分類することが多い（図4-4）。

（2）等粒状といっても、すべての鉱物が同じ大きさであるわけではない。斑状組織のような、石基と斑晶という極端な大きさの違いがない、ということである。

5. マグマの発生

マグマは岩石が融けることで形成される。地球内部でそのような現象が起こるにはどのような条件が必要なのであろうか？

温度―圧力図で岩石が融け始める温度を結んだ線を固相線（ソリダス）とよび、岩石が完全に液体（マグマ）になってしまう温度を結んだ線を液相線（リキダス）とよぶ。岩石の温度と圧力が固相線に達すると岩石は融け始め、液相線に達すると完全に液体になる。固相線と液相線にはさまれた領域では、固相（岩石）と液相（マグマ）が混ざった状態（部分融解（ぶぶんゆうかい）：partial melting）となっている（図4-5）。したがって、地下の温度・圧力が固相線と交われば融解が始まることになるが、海洋域の地温勾配で示される温度・圧力の変化はマントルの岩石の固相線とは交わらない。大陸域ではさらに地温勾配が小さく、固相線と交わることはない（図4-5）。このことから、地球内部が如何に高温・高圧であっても、そのままの条件で融解が始まることはほとんどないといえる。

ある温度・圧力条件下のマントルの岩石が融解する条件としては、(a) 温度の上昇、(b) 圧力の減少、(c) 固相線の低温側への変化、という3つがある（図4-5）。

(c) の固相線の変化は一見すると不可能そうであるが、岩石の固相線は、その岩石が水を含むか否かで変化する。岩石が水に富むようになると、固相線がより低温側に変化するため、岩石そのものの温度・圧力条件が変化せずとも、固相の領域から液相＋固相の領域に変化し、融解が始まる。

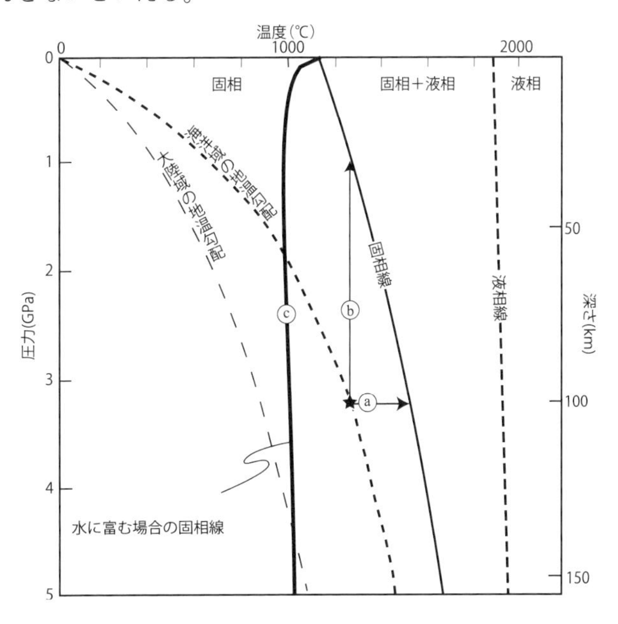

図 4-5　固体地球浅部の温度・圧力とマントルの岩石が融解する条件を示した図

6. マグマの多様性

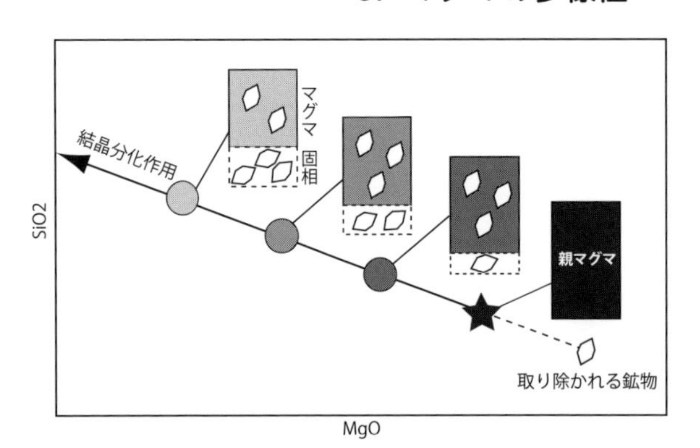

図 4-6　結晶分化作用の模式図

ある組成の鉱物がマグマから出して、取り去られることでマグマの化学組成はその鉱物の成分に関して薄まっていく。実際には、同時に複数の鉱物が晶出することもあるので、結晶分化作用のトレンドはより複雑になる。

火成岩に含まれるケイ酸塩鉱物の種類・組み合わせが異なるということは、それらの基になったマグマの化学組成が異なることを意味している。マグマの化学組成は、結晶分化作用や同化作用によって変化すると考えられている。

マグマの温度が下がっていくと鉱物が晶出（しょうしゅつ）する。晶出する鉱物の種類や化学組成は、マグマの組成と圧力によって決まっている。マグマから鉱物が晶出し、取りさられるとマグマの組成が変化する。このような現象が結晶分化作用である（図 4-6）。結晶分化作用の途中で噴火し、冷え固まったりすることで、さまざまな化学組成の火成岩が形成される。また、取り去られた鉱物が集積して、深成岩を作ることもある。

もともと地殻のある場所の下でマグマが形成されて上昇してくると、地殻内部でマグマが地殻物質を取り込む形で反応することがある。また、火山の下のマグマだまりの辺縁部でも、マグマと周辺の岩石との反応が生じることがある。このような反応が生じることによってもマグマの化学組成は変化する。このような反応を同化作用とよび、マグマと地殻物質が反応する場合を特に地殻の同化作用とよんでいる。

2　プレート境界のマグマ学

1. 中央海嶺のマグマ学

中央海嶺は地球をとりまく海底山脈である。中央海嶺ではプレートが拡大することで海底が拡がり「すき間」ができる。そのすき間を埋めるように、地下深部からマントル物質が上昇する。上部マントルを構成する、かんらん岩すなわちアセノスフェアマントルがほとんど熱の出入りがないような状態で浅い部分まで上昇する途中で、固相線を横切り、融解が始まる。

岩石の融解は、その岩石を構成している鉱物粒子の境界から始まる。また、どの鉱物も同時に融けるのではなく、融けやすい鉱物とそうでないものがある。また、部分融解することが普通であるので (3)、マグマにならずに残った鉱物がマントルに残ることになる。このような岩石を「融け残りの岩石」とよ

(3)　中央海嶺では 15% 程度、沈み込み帯では 30% 程度の部分融解と見積もられている。

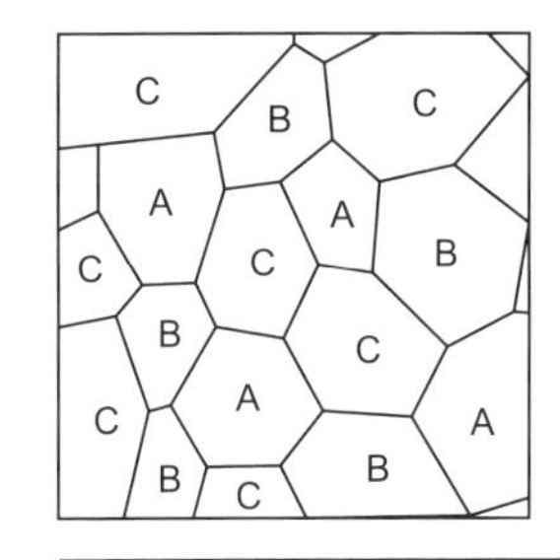

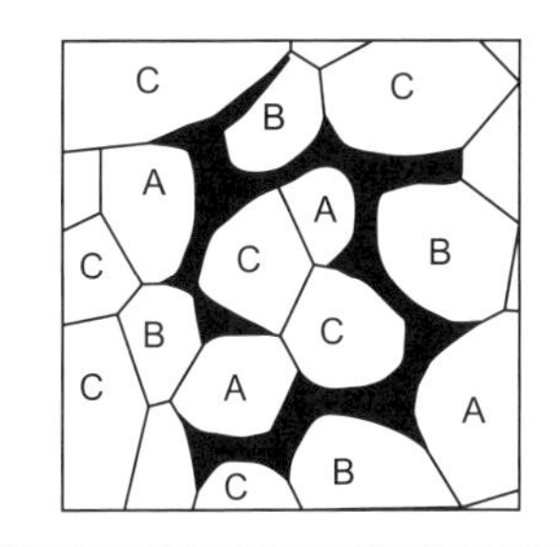

図 4-7　岩石の部分融解の模式図

融けやすい鉱物Bが最初に完全に融解してしまい、鉱物AとCがそれにつづく。途中でマグマが分離することで、鉱物AとCからなる「融け残りの岩石」が作られる。

ぶこともある（図 4-7）。中央海嶺の下で上昇してくるアセノスフェアのマントルは、単斜輝石を含むようなかんらん岩であるが、単斜輝石が優先的に融解するので、融け残りの岩石は単斜輝石をほとんど含まないかんらん岩となっている。形成されたマグマは融け残りの岩石から分離し、海底に噴出して岩石となる。中央海嶺で作られる岩石は玄武岩であり、中央海嶺玄武岩（MORB：Mid-Ocean Ridge Basalt）とよばれる。中央海嶺玄武岩では、含有率の高い元素の組成はほぼ均質であるが、拡大速度の違いや上昇してくるアセノスフェアマントルの化学的性質の違いにより、中央海嶺ごとに微量成分や同位体組成に違いがあることがわかっている。

アセノスフェアのマントルのかんらん岩は流動性もあり、軟らかい。一方、融け残りのかんらん岩はマグマ成分に乏しく、硬い性質がある。この硬い融け残りマントルかんらん岩とその上部でマグマが固化してできた中央海嶺玄武岩がリソスフェアに相当する。地球の表面を覆う「ひとまとまりの板」がプレートであるが、深さ方向でみた場合リソスフェアが一体となって運動しており、プレート＝リソスフェアということができる。

2. オフィオライト

中央海嶺での火山活動の結果、海底付近には噴火した溶岩が海水で急冷された枕状溶岩、その下にはマグマの通り道であった火道で冷却した平行岩脈群、さらにその下には噴出しなかったマグマが固結してできたはんれい岩という構造が形成される。これが海洋地殻を構成しており、さらにその下には、融け残りのマントルかんらん岩がある。このような構造は中央海嶺付近での地震波探査でも明らかになっているし、はんれい岩層までは深海掘削で直接確認されている。このような構造、岩石の積み重なりを海洋プレート層序とよぶことがある。

図 4-8　オフィオライト層序とオマーンオフィオライトで観察される岩石類
岩石の種類や分布は海洋プレートの層序（中央の模式図）と一致する。約１億年前（白亜紀）の海洋プレートの断片と考えられる。

また、過去のプレートの収束境界に相当する地域には、当時の海洋地殻を構成していた岩石類が、しばしばその下のマントルかんらん岩をともなって露出していることがある(4)。このような岩石類をオフィオライトとよび、そこで観察される一連の積み重なりをオフィオライト層序とよぶ（図 4-8）。オフィオライト層序が、観察や観測によって推定される海洋プレート層序に対応していることも、オフィオライトが過去の海洋プレートの一部であったことを支持している。

(4)　海洋地殻とマントル上部の融け残りのマントルかんらん岩で構成されているということは、すなわち過去の海洋プレートということができる。

3. 沈み込み帯のマグマ学

沈み込み帯では、いくつかの場合を除いて、沈み込む海洋プレート（日本列島周辺ではたとえば太平洋プレート）の温度が低くなっていることが一般的である（図 4-9）。そのような冷たいプレートが沈み込む場所で、どのようにして、熱いマグマが発生するのであろうか？

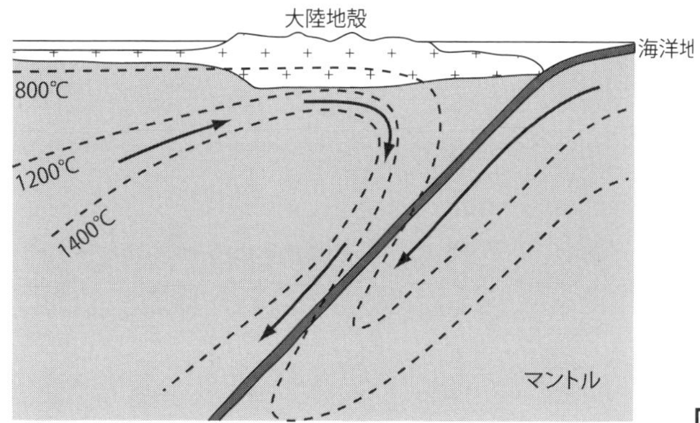

図 4-9　沈み込み帯での温度構造の模式図

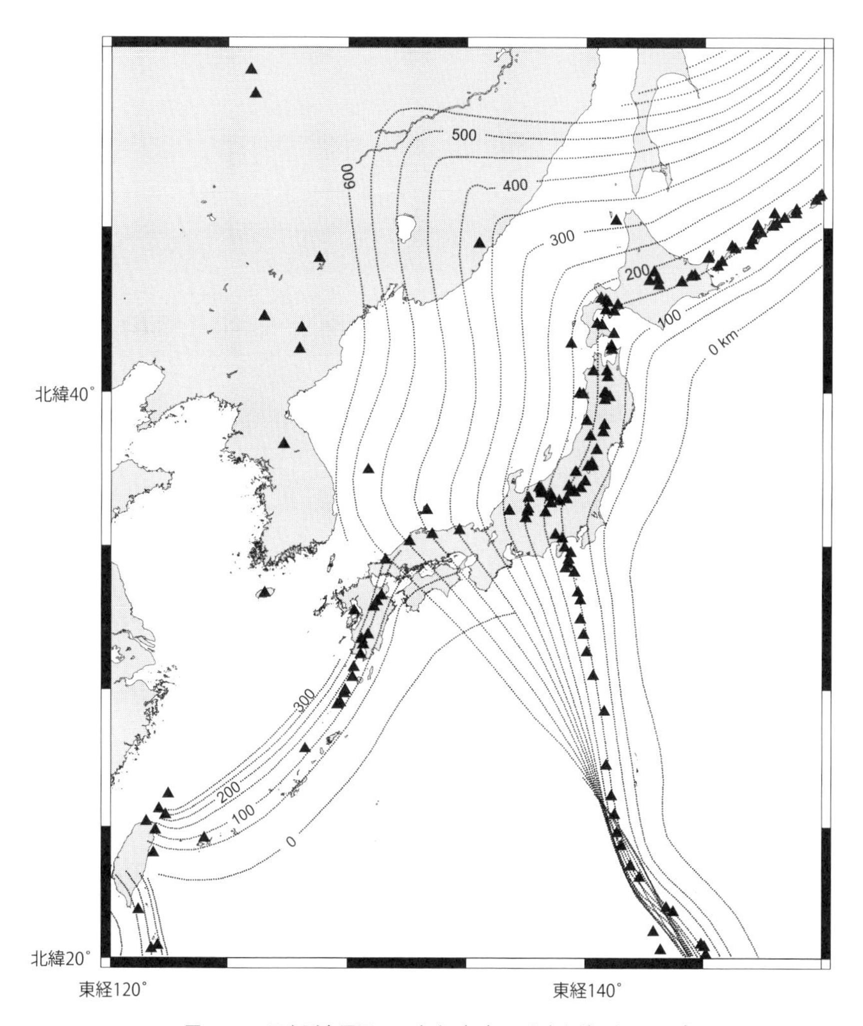

図 4-10　日本列島周辺での火山（▲）の分布と沈み込んだプレートの深さ

(1) 火山フロント

沈み込み帯に位置し、火山の国というイメージの強い日本であっても、どこにでも火山が分布しているわけではない。たとえば、東北地方の火山は、北から八甲田山・岩手山・栗駒山・蔵王など脊梁(せきりょう)山脈を形作っているが、それよりも東側の岩手県三陸海岸周辺や福島県の中央部から浜通りには火山は存在しない（図 4-10）。このような海溝側に向かって火山が分布しなくなる端を結んだ線を、火山フロント（volcanic front：火山前線）とよぶ。

ほかの沈み込み帯も調べると、火山フロントは沈み込むプレートの深さが約 120km になる場所に対応していることがわかった。このことは火山活動、特に火山が形成される場所の決定には、沈み込むプレートが大きく関与していることを示唆する。

(2) 沈み込み帯にもたらされる水

火山フロントが沈み込むプレートの深さが 120km になる場所に一致する、という観察事実は、マグマの形成に深さ、すなわち圧力が強く関係していることを示唆する。したがって、沈み込むプレートのなかで圧力によって変化するものを見出すことができれば、それが沈み込み帯のマグマの形成に強く関与していると考えることができる。

沈み込む海洋性のプレートの上部は、玄武岩で構成されている。中央海嶺で

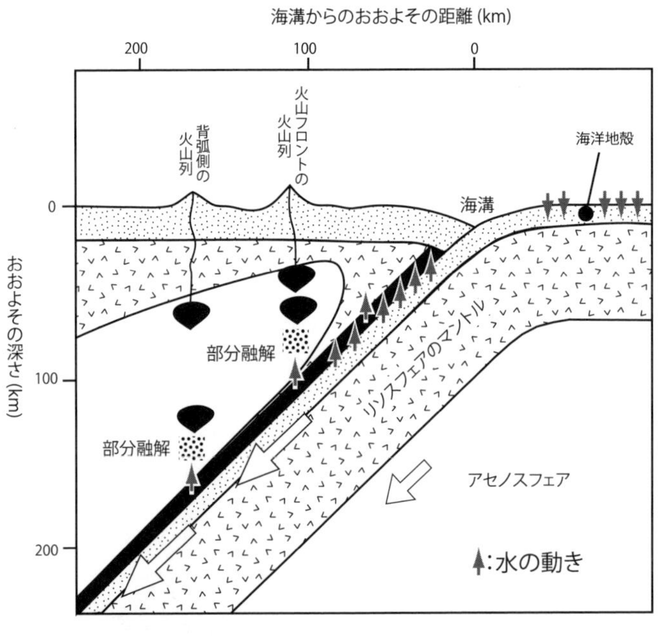

図 4-11　沈み込み帯でのマグマ形成の概念図

沈み込むプレートからもたらされた水が沈み込み帯に供給されることで、沈み込み帯の下のアセノスフェアマントルの固相線が下がり、融解が始まる。巽（1995）を簡略化。

岩石が作られた後、岩石を構成している鉱物が海水などと反応し、水を含む鉱物（含水鉱物）に変化する。また最上部の堆積岩も水を含んでいる。含水鉱物が安定かどうかには圧力が大きく関係する。一般に低い圧力下では安定であるが、圧力が高くなると不安定になり、分解して、水を含まない鉱物に変化する。このとき、鉱物に入っていた水[(5)]は放出される。沈み込み帯で、含水鉱物から放出された水が、その上位のマントルの固相線を下げ、低い温度でも融解を始めることを示したのが巽（1995など）の一連の研究である。図4-11に示したように、沈み込む海洋性のプレートから水が放出される。その水は沈み込み帯の下のマントルに加わり、マントルの鉱物を含水鉱物に変化させる。その含水鉱物を含んだマントルは沈み込むプレートに引きずられて地球深部に潜り込むが、深さ約50kmで金雲母が分解し、約120kmで蛇紋石が分解する。最初の金雲母が分解する深さでは、固相線が下がっても岩石の融解は始まらないが、蛇紋石の分解が生じる深さでは、放出された水が固相線を下げ（図4-5）、より上側の（日本列島側のプレートの下の）アセノスフェアマントルが融解し、マグマが形成される。発生したマグマが上昇し、火山フロントの火山を作る基となる。より深い場所では、角閃石の分解が生じ、マグマが発生し、火山フロントよりも陸側の火山を形成する。

(5) 純粋な水（H_2O）ではなく、さまざまな元素を溶かし込んでいる。そのため、流体（fluid）という表現をすることもある。

3 プレート内のマグマ学

1. プルームとホットスポット

CTスキャンで人体の内部を間接的に観察するように、地震波を用いて地球の内部の任意の3次元断面を観察できるようにする方法のことを地震波トモグラフィーとよぶ（図4-12）。地震波速度の遅いか速いかは、物質が同じであれば、それぞれ温度が暖かいか冷たいかに対応する。地震波トモグラフィーの結果をみると、日本列島からアジア大陸にかけての地域では冷たい物質が地球内部まで存在している（図4-13上および図4-14）のに対し、地震波速度の遅い、すなわち暖かい領域が広がっている場所が、南太平洋とアフリカに存在する（図4-14）。そのような領域の存在は、核—マントル境界で温められた物質が地球の表面へ向かって上昇していることを示していると解釈されている（図4-13下）。地下深部からの高温の上昇流のことをプルー

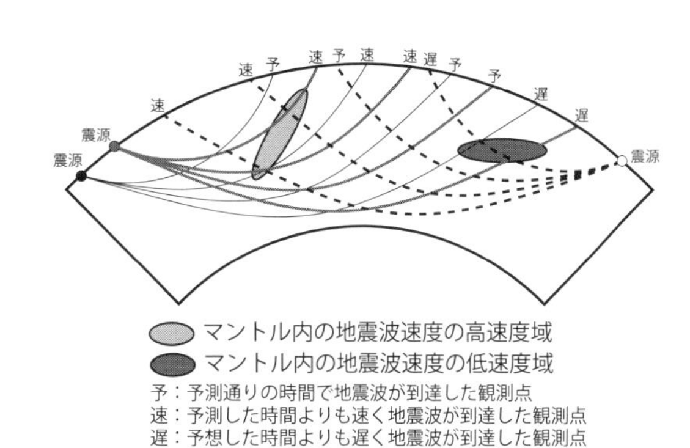

図4-12　地震波トモグラフィーの仕組みを示した概念図

実際には多数の地震と地震計の組み合わせで得られたデータをコンピュータ処理する。

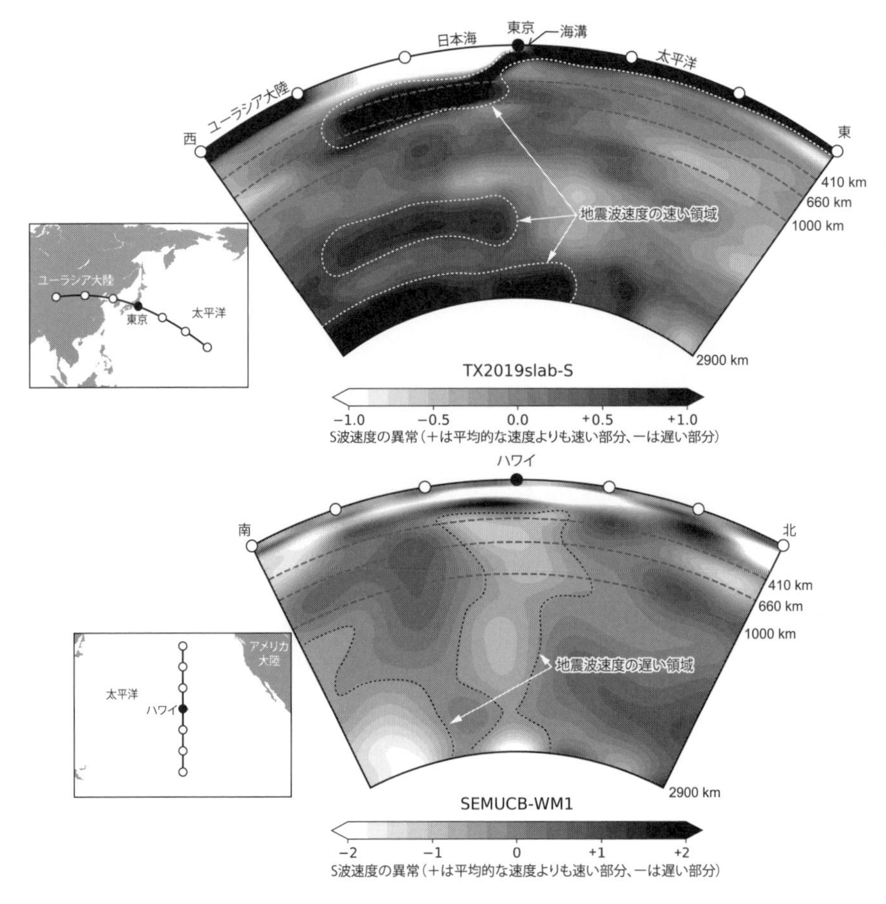

図 4-13　地震波トモグラフィーの例

（上）東京を通るほぼ東西の断面。（下）ハワイ島を通るほぼ南北の断面。描画に用いた地震波モデルは異なるが、いずれもS波の速度異常を表している。扇形の底面がマントルと核の境界。SubMachine(https://www.earth.ox.ac.uk/~smachine/) を利用して作図。

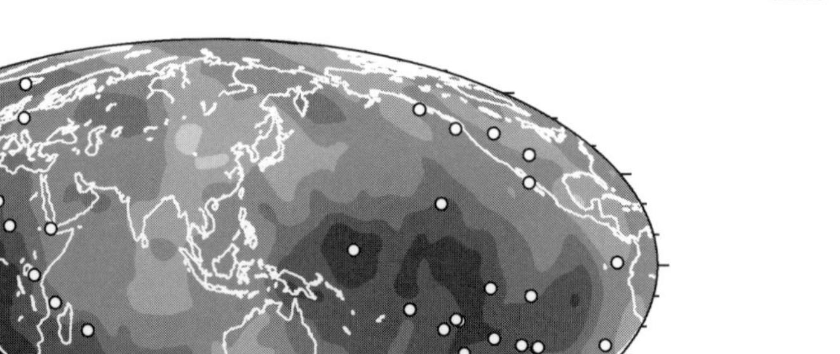

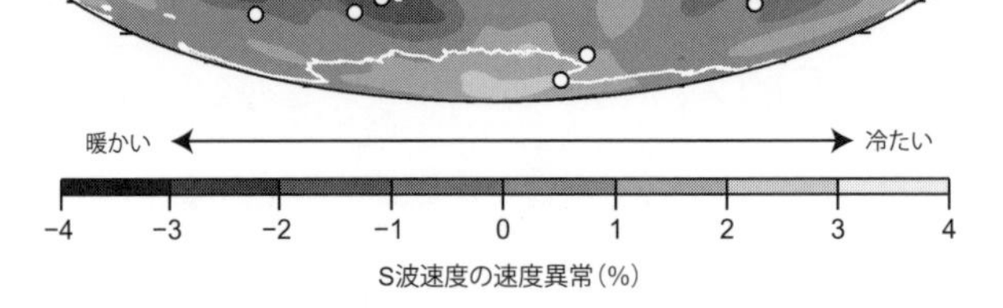

図 4-14　地球内部（深さ 2,850km）での地震波の速度異常と表面付近でのホットスポットの位置

地震波 S 波の速度異常は Becker and Boschi (2002) のデータに基づいて作成。

ム（plume）とよぶ。

アフリカのプルームが地表に現れているところが東アフリカ地溝帯からエチオピア・アファー低地にかけての地域で、南太平洋のプルームが現れているところがタヒチからハワイに至る地域である。プルームの存在は全地球規模で物質循環が起こっていることを示しており、沈み込んだ海洋プレートが核―マントル境界まで到達し、核―マントル境界で暖められたスーパープルームと一緒に、もう一度地表に現れるというサイクルが生じているらしい（図 4-15）。

プルームよってマグマの活動が起こっている場所をホットスポット（hotspot）とよぶ（図 4-16）。ホットスポットの代表例がハワイ諸島である（図 4-17）。ハワ

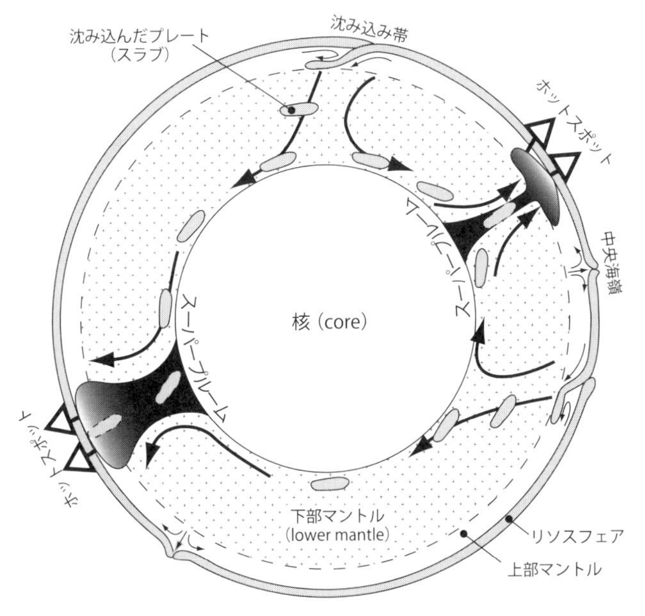

図 4-15　マントルでの対流の模式図　Coutillot et al.（2003）などを参考に作成。

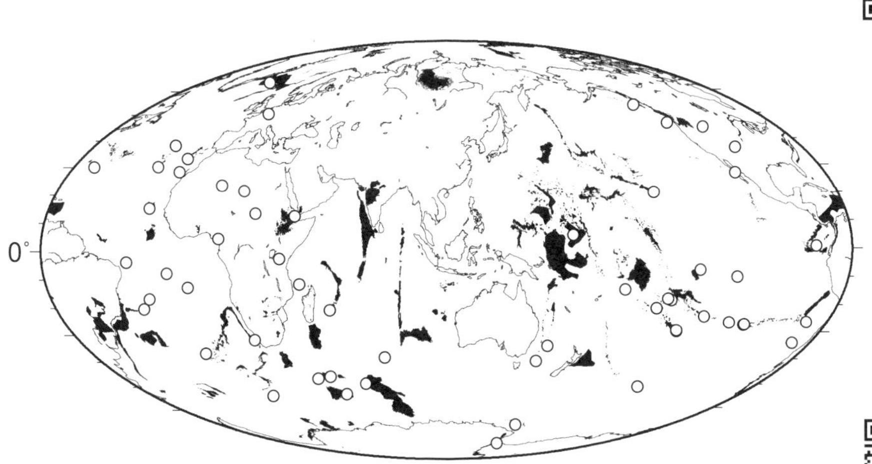

図 4-16　ホットスポット（○）と巨大火成岩岩石区（黒塗り）の分布

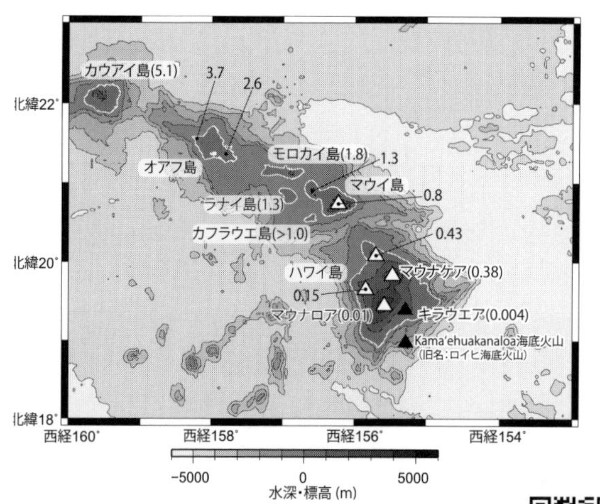

図 4-17　ハワイ諸島周辺の地形の様子と主な火山の分布
数字は火山の活動年代（百万年前）を示す。

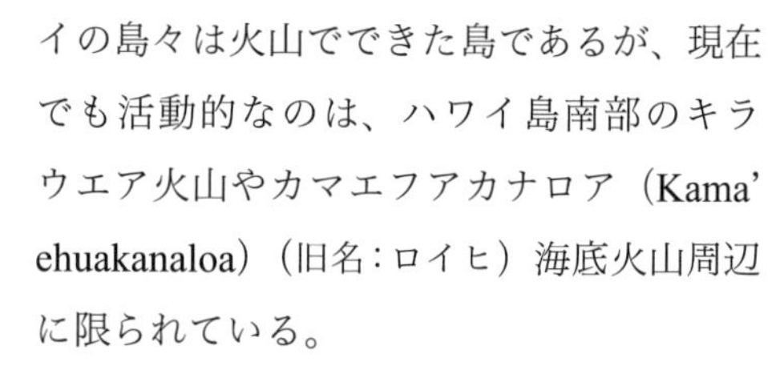

イの島々は火山でできた島であるが、現在でも活動的なのは、ハワイ島南部のキラウエア火山やカマエフアカナロア（Kama'ehuakanaloa）（旧名：ロイヒ）海底火山周辺に限られている。

ハワイの火山を構成する岩石の組成を調べると、キラウエア火山のあるプルームの中心から得られた岩石は、古い海洋地殻とマントルかんらん岩が融けたと解釈される組成を示しており、ホットスポットが海洋地殻のリサイクルの場であることを示唆している。

2. ホットスポットとプレート運動

ホットスポットにおける火山活動の根はリソスフェアよりも深いところにある。そのため、プレートが移動してもマグマの出口は不変とすると、ホットスポットで形成された火山の配列から、その上を移動するプレートの移動速度と移動方向を求めることができる。

ハワイの火山の列はさらに西北西の方向につながっており、さらに途中で折れ曲がり、天皇海山列という名前の古い火山の列となる（図 4-18）。それぞれの海山を構成している岩石の年代を調べると、現在、活動的なキラウエア火山から離れるにつれて古い年代となり、キラウエアから離れるほど古い火山活動によって形成されたことがわかる。このことは、ホットスポットによるマグマの出口が現在のハワイ島（正しくはキラウエア火山）に固定されていて、太平洋プレートがその上を移動するために、列をなした火山ができるという考えと一致する。キラウエア火山からの距離と年代測定の結果をグラフにすると、比例の関係となる。このことはハワイホットスポットの上を移動する太平洋プレートの速度がほぼ一定であることを示している（図 4-19）。

また、ハワイ―天皇海山列は途中（雄略

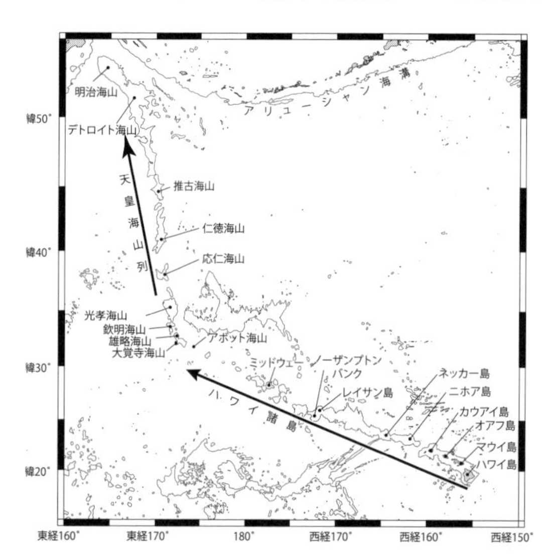

図 4-18　ハワイ諸島・北西ハワイ諸島・天皇海山列の位置

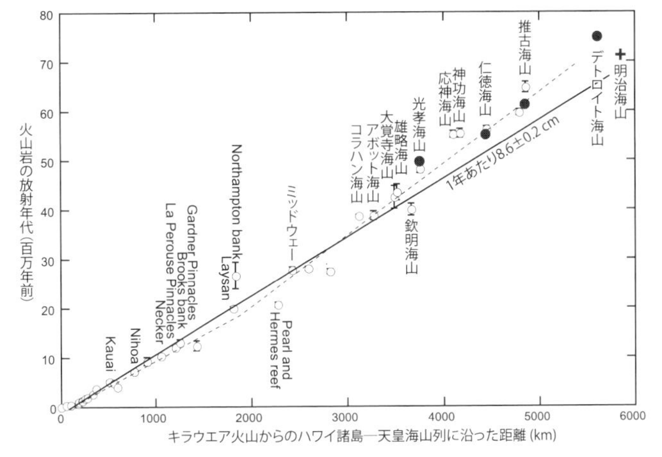

図 4-19　ハワイ島キラウエア火山（現在のホットスポット場所）からの距離とハワイ諸島・北西ハワイ諸島・天皇海山列で得られた岩石の形成年代

Clague and Dalrymple（1987）のデータ（○）に、Duncan and Keller（2004）のデータ（●）を合わせて示した。

海山・大覚寺海山付近）で折れ曲がっているが、この折れ曲がりの年代は約 4,200 万年前である。海山列の方向の変化はプレート運動の方向の変化を示しているので、この頃、太平洋プレートの運動方向が北北西方向から西北西方向に変化したと考えられる。

3. 巨大火成岩岩石区と大陸分裂

大洋に存在する海台[6]や陸上の台地[7]の大部分は、日本列島のような沈み込み帯の火山やハワイのようなホットスポットによる火山よりも規模や溶岩の分布する範囲が広く、巨大火成岩岩石区（LIPs：Large Igneous Provinces）と総称される（図 4-16）。そこでは洪水玄武岩（flood basalt）とよばれる粘性が低く流れやすい玄武岩質の溶岩が、短期間で大量に噴出されて形成されたと考えられている（図

(6)　太平洋ではシャツキー海台やオントンジャワ海台が、インド洋ではケルゲレン海台などがその代表である。

(7)　北アメリカのコロンビア台地、インドのデカン台地などがその代表である。

図 4-20　北アメリカ大陸に分布する巨大火成岩岩石区である「コロンビア川洪水玄武岩」の様子

何層も溶岩流が重なって台地を作っている。オレゴン州ポートランド近郊で撮影。

4-20)。これらもプルームによって形成されたと考えられているが、現在のハワイホットスポットの下にあるプルームよりも規模が大きい。しばしば、ホットスポットの火山・海山列が巨大火成岩岩石区につながっていることから[8]、プルームによるホットスポット活動の最初期に大量のマグマが噴出されて形成されたと考えられている。これはプルームの形態からも推察される。

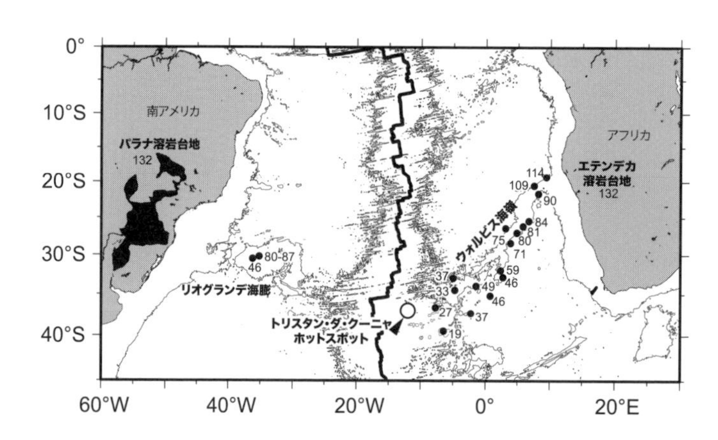

図 4-21　南大西洋のトリスタン・ダ・クーニャホットスポットとパラナ台地、エテンデカ台地およびリオグランデ海膨、ウォルビス海嶺の位置関

数字は火山活動の年代を百万年前単位で示す。図中央の黒太線は中央海嶺。火山活動の年代は、Hoernle et al. (2015) などを参考にした。

大陸分裂にプルームが関与していたとする説の根拠の1つが、いくつかの大陸縁辺部で巨大火成岩岩石区とホットスポットによる海山列の組み合わせが観察されることである。たとえば、南アメリカ大陸とアフリカ大陸が分裂して大西洋が形成されたのであるが、南アメリカ大陸にはパラナ、アフリカ大陸にはエテンデカとよばれる玄武岩台地が存在し、そこから大西洋のトリスタン・ダ・クーニャ島周辺のトリスタン・ダ・クーニャホットスポットへ向かって、南アメリカからはリオグランデ海膨が、アフリカからはウォルビス海嶺が伸びている(図 4-21)。両大陸の玄武岩の活動年代が大陸分裂の初期と一致し、海膨・海嶺を構成する岩石の形成年代がトリスタン・ダ・クーニャホットスポットへと向かって新しくなる結果が得られている。これはハワイホットスポットとハワイ諸島—天皇海山列の関係と同じである。

(8)　ハワイ-天皇海山列の先端には巨大火成岩岩石区はみつかっていない。

4 火山の形態と噴出物

火山の噴火にともなって放出される火山灰や軽石、火砕流堆積物などを総称して「火山砕屑物」とよぶ。より遠方まで届き、広く分布している場合「テフラ[9]」とよぶこともある。溶岩を含め、火山砕屑物が放出される現象が噴火である。図 4-22 に鹿児島県桜島の噴火で火山灰が放出される様子と、いくたびにもおよぶ火山噴火で形成された伊豆大島で観察される地層の様子を示した。伊豆大島の露頭では火山砕屑物が幾重にも重なっている。このような産状を観察することによって、火山の噴火史を編むことができる。

図 4-23 に火山の模式的な断面図を示す。火山の地下のおおよそ深さ 10km くらいまでのところにはマグマだまりというものがあり、上昇してきたマグマが

(9) 広い範囲に放出された火山砕屑物が「広域テフラ」である。広域テフラの存在は、火山噴火の影響が広範囲にわたることの証明になるだけではなく、各地の地層に等時間面を形成するので、年代決定の指標になる。

図 4-22 (A) 鹿児島県桜島の噴火の様子 (2011年3月) (B) 伊豆大島で観察される火山砕屑物の地層
(「地層切断面」バス停付近)

一時的に溜まっている。このマグマだまりに変化が起こることで噴火が生じると考えられている。その変化とは、(a) マグマだまりが押される、(b) マグマだまりに新しいマグマが供給される、(c) マグマが発泡する、という3つである。発泡は、マグマが浅所に上昇し圧力が低下することや、結晶分化作用によってマグマ中の気体成分の濃度が上昇すること、大きな地震動によってマグマだまりが揺らされることによって起こる。

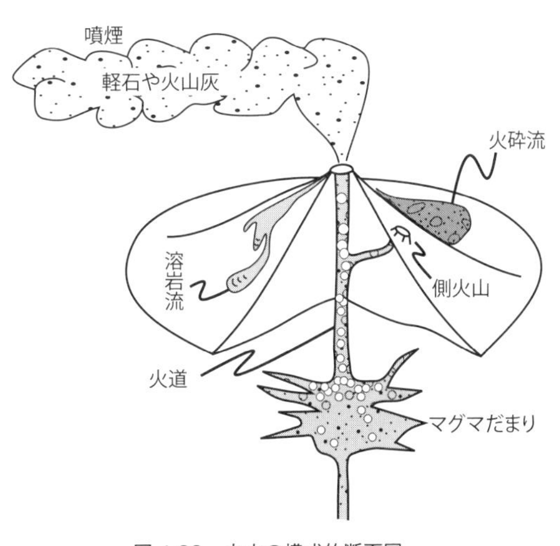

図 4-23 火山の模式的断面図

マグマだまりおよびその周辺の変化を知ることができれば、噴火の予測に役立つので、火山周辺に地震計を設置し、地下の様子をモニタリングしている。火山性地震とは、火山体およびその近傍で発生する地震の名称で、地下でなんらかの破壊現象が起きて発生すると考えられる。一方、火山性微動とは、火山に発生する震動のうち、火山性地震とは異なり、震動が数十秒から数分、時には何時間も継続する、始まりと終わりが明瞭でない波形の揺れの総称である。火山性微動は、地下のマグマやガス、熱水など流体の移動や振動が原因と考えられており、噴火に伴う微動の場合もある。

1. 火山の噴火様式

マグマだまりに変化が生じることにより噴火が起きるが、変化の仕方にはさまざまなタイプがあり、それにより噴火の様式も異なるものになる (図 4-24)。

(1) 水蒸気爆発

マグマだまりからの熱やガスにより、火山体内部の地下水などの水が沸騰し、火山砕屑物が噴出するタイプの噴火である。この場合、火山砕屑物を構成する岩石片は、その噴火以前に火山体を構成していたものであることが多い。2014年御嶽山、2015年箱根大涌谷の噴火がこのタイプである。

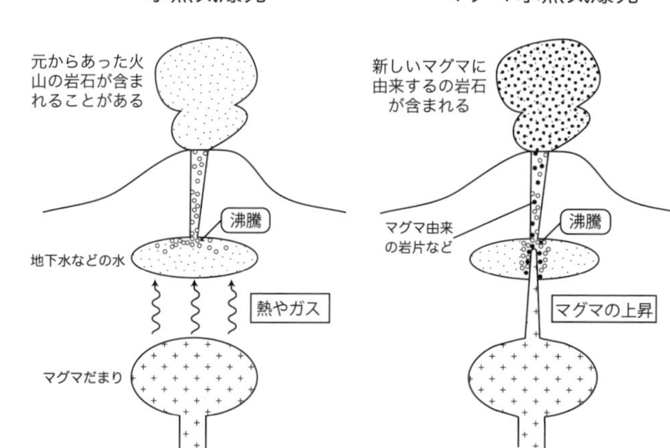

図 4-24　火山噴火の様式

(2) マグマ水蒸気爆発

マグマだまりからマグマが上昇し、火山体内部の地下水などと接触し、それらの水が沸騰し、火山砕屑物が噴出するタイプの噴火である。この場合、火山砕屑物を構成する岩石片には、噴火以前の火山体を構成していた古い岩石に加えて、上昇してきたマグマが固結した、新しい岩石が含まれる。2015 年口永良部島、2015 年浅間山の噴火がこのタイプである。

(3) マグマ噴火

マグマだまりからマグマが上昇し、そのマグマに由来する溶岩や火山砕屑物が噴出するタイプの噴火である。この場合、火山砕屑物を構成する岩石片には、上昇してきたマグマが固結した、新しい岩石が含まれ、噴火以前の火山体を構成していた古い岩石も含まれる。2014 年と 2015 年の桜島、2015 年の阿蘇山の噴火がこのタイプである。

2. 火山とプレートテクトニクス

伊豆大島を始めとする多くの火山では、山頂火口のほかに、火山の斜面にいくつもの小さな火口が点在していることがある。そのような火山を「側火山」とよぶ。火山帯中心の火口が何度も噴火を起こしているのに対して、側火山は一度しか活動しない「単成火山」である。単成火山の噴火は、それまで噴火が起こったことのないところで生じるので、災害・防災という観点からはきわめて重要である。

富士山では、宝永 4 年（1707 年）の噴火で形成された宝永火口は代表的な側火山であるし、貞観 6 年（864 年）からの 2 年間の噴火で流れ出た溶岩（青木ヶ

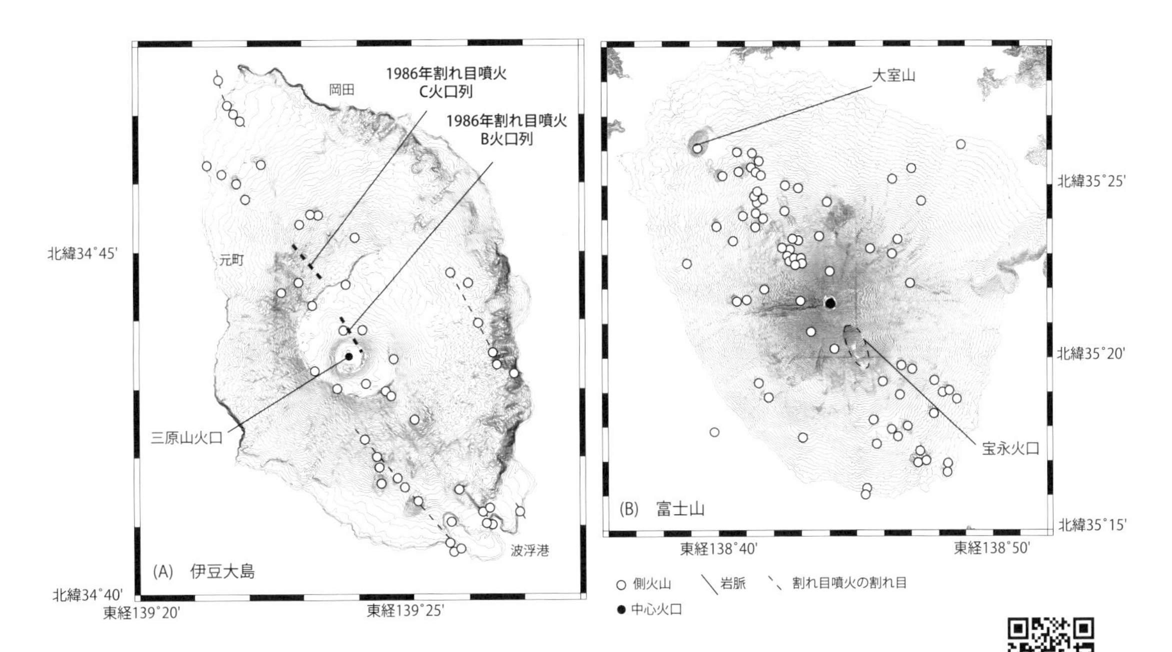

図 4-25　伊豆大島と富士火山の側火山の分布

地形は国土地理院の数値地図 50m メッシュ（標高）を用いて作成した。いずれも中村（1987）に加筆。

原溶岩）も側火山からの噴火によるものである。これらの富士山の側火山は北西―南東方向に配列している（図 4-25）。物質に加わる応力と断層の方向・ずれ、割れ目の向きには関係がある(10)。断層は圧縮によって、（理想的には）X 字状の破断面ができて、その面に沿った変位（ずれの方向・大きさ）をもつ。割れ目の場合は最大圧縮の方向に平行に、長軸が並ぶようになる。マグマが山頂めがけて上がってくるときには割れ目の中心を通ってくるが、山腹に上昇するときには、その場所の応力によって形成された割れ目を使って上昇してくる（図 4-26）。したがって、その出口である側噴火の火口は規則的に配列する。1986 年の伊豆大島三原山の噴火では、実際に割れ目噴火が観察されたが、その割れ目の向きは過去の側噴火火口の配列と一致する（図 4-25）。

富士山や伊豆大島の側火山の配列は、この地域に北西―南東方向の圧縮力が働いていること

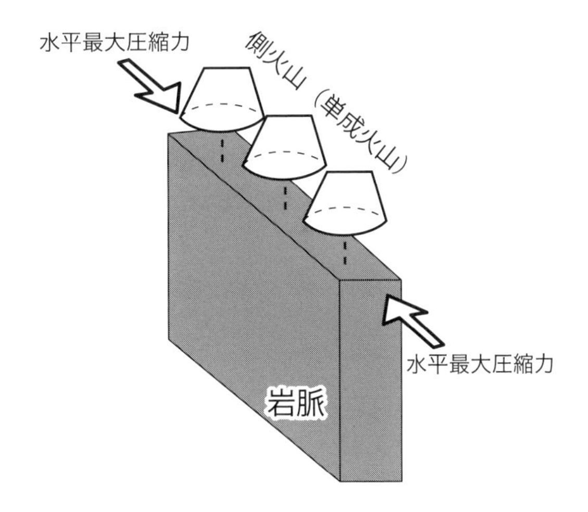

図 4-26　圧縮の応力とそれによって形成される割れ目の向きの関係

側火山を作るマグマは岩脈として貫入してくるが、その向きは最大圧縮応力に支配される。

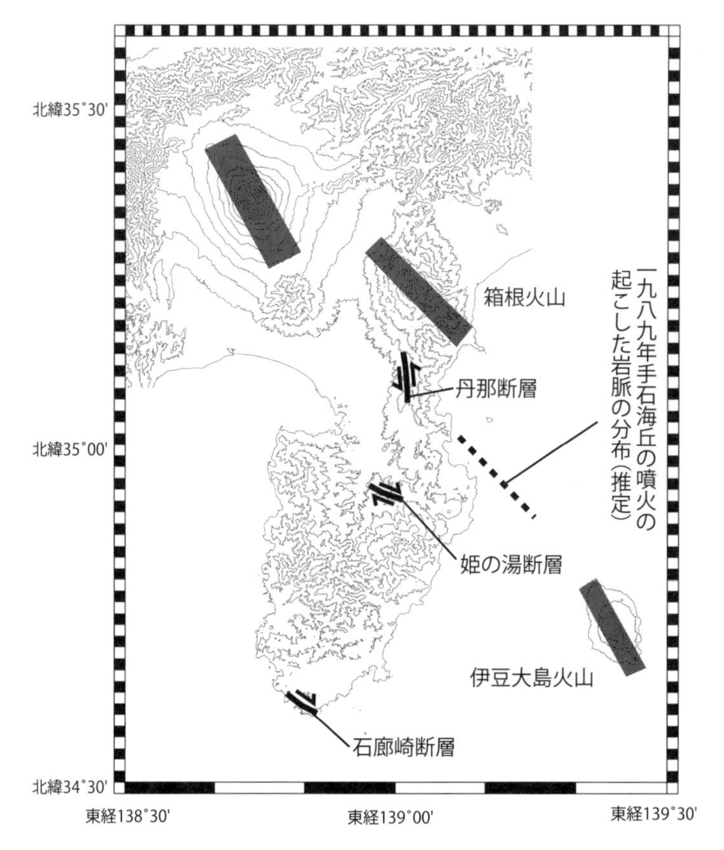

図 4-27　伊豆半島周辺域の火山の側火山分布と主な断層の向きとずれ
中村（1987）に加筆。手石海丘の岩脈の向きは岡田（2011）による震源分布を基に作成。
地形は国土地理院の数値地図 50m メッシュ（標高）を用いて作成した。

（10）断層にはずらす力（正確には剪断応力）があり、割れ目にはずらす力が働かずに形成される。

を意味している。1989 年に伊東沖の手石海丘を噴火させた岩脈の方向も、この圧縮力の向きと調和的である（図 4-27）。このように、この地域はフィリピン海プレートの運動によって北西—南東方向に圧縮されており、この地域の火山や断層の方向は、すべてこのプレート運動に規制されているということがわかる（図 4-27）。

3. 火山災害とその軽減

ひとたび火山噴火が起これば、さまざまな災害が引き起こされる。地震災害の場合とは異なり、現象そのものが長期間にわたる場合が多い。

（1）火山灰

火山灰は紙などを燃やした灰とは異なり、マグマに由来する火山ガラスや鉱物片からなっている。そのため、体内に取り込まれると呼吸器官や内臓を傷つける恐れがある。また飛行機のジェットエンジンに吸い込まれると、高温のエンジン内部で一度融け、空冷されることでエンジン内で再固結し、エンジンを停止させる[11]。過去の火山噴火で生じた火山灰の分布を調べると、遠く離れた火山に由来する火山灰がみつかることがある。たとえば、2～3万年前に現在の鹿児島湾北部で起こった噴火によって生じた火山灰は遠く東北・北海道地方でも観察される。このように火山灰の被害は火山近傍だけではなく、広範囲に及ぶことが特徴である。

(11) 2010年に生じたアイスランド・エイヤフィヤトラヨークトル火山の噴火の際、火山灰がヨーロッパの広範囲に広がったため、多くの空港が閉鎖を余儀なくされた。

(2) 火砕流

溶岩や火山灰、軽石などの火山砕屑物をともなった高温のガスが、非常に速い速度(時速100km以上のこともある)で山体斜面を流れていく現象である。高速のため避難もままならず、高温のため周囲の樹木なども燃えてしまう。雲仙普賢岳(長崎県)の噴火の際、1991年6月に発生した火砕流で43名もの人が亡くなり、その被害が広く知れ渡ることとなった。日本列島の多くの火山で過去に火砕流が生じたことが地層の記録から判明している(図4-28)。

(3) 火山泥流

水を含んだ火山砕屑物が流れていく現象である。火砕流と同様、非常に速い流れで(時速30～60km)、到達距離も長いという特徴がある。1926年の十勝岳噴火では、噴火により残雪が融かされ、美瑛川・富良野川にそって流れ出し、死者・行方不明者が144名となる災害となった。

(4) 山体崩壊[12]

会津磐梯山では1888年の噴火の際に山頂付近で大規模な山体崩壊が起こり死者477名をだす大災害となった。五色沼や桧原湖といった裏磐梯の湖沼は、この山体崩壊による土砂が川をせき止めて作ったものである。また、セントヘレンズ火山(アメリカ)でも1980年の噴火で山体崩壊が起こり(図4-28)、研究者を含め70名以上が死亡した。磐梯山の山体崩壊の際の約2倍の土砂が崩落し、影響範囲は約10倍であったと推定されている。

そのほかにも、火山ガス[13]なども大きな火山災害の原因となる。

これらの火山災害への備えとして、「噴火ハザードマップ」が作成されるなど、火山災害への対応も強化され始めている。

火山の噴火そのものは、地下のマグマの活動をモニタリングすることによって、ある程度の予知が可能となっている。実際、2000年の有珠山噴火では噴火予知により人的な災害は回避することができた。この点は地震予知とは大きく異なる点である。しかしながら雲仙や三宅島の例からもわかるとおり、火山噴火以外の災害は長期化することもあり、正確な知識と予防策への対応が必要となっている。昨今の火山災害を契機に、「火山噴火の際にどのような火山災害が、どのような地域に生ずる可能性があるか」ということを示したハザ

(12) 山体崩壊は地震の際も起こる。2004年新潟県中越地震や2008年中国・四川地震、2008年岩手・宮城内陸地震でも、崩壊した土砂に埋もれて亡くなった方もいるほか、堰き止めダムの水による二次災害が懸念された。

(13) 2000年からの三宅島の噴火では高濃度の二酸化硫黄ガスが放出されて全島避難を余儀なくされたほか、草津白根火山や阿蘇山などでも火山ガスの濃度が高くなると入山・立ち入りが禁止されることがある。

(14) http://www.bousai.go.jp/kazan/fujisan/h_map/index.html

ードマップ(災害地図) が作られ始めている[14]。ハザードマップの作成には、これまでの火山噴火とそれにともなう火山災害の詳細な解析が必要であるが、2000年三宅島雄山の噴火のように、これまでの噴火とは異なるタイプの噴火が起こることもあり、何より一人一人の常日頃からの注意と関心が必要であることはいうまでもない。

図 4-28 (A) 阿蘇火山由来の火砕流堆積物
Aso-3は約12万年前の火砕流、Aso-4は約9万年前の火砕流。宮崎県高千穂峡・真名井の滝にて。
(B) Aso-3に発達する溶結したガラス(白矢印)
高温の火砕流が定置したあと、含まれていた軽石などが圧縮され引き延ばされて形成された。宮崎県高千穂町トンネルの駅にて。
(C) アメリカ合衆国オレゴン州セントヘレンズ火山の1980年噴火前の様子
セントヘレンズ火山の説明看板より。
(D) 噴火後のセントヘレンズ火山
Cとほぼ同じアングルから撮影。2012年9月。

応用地球科学

CHAPTER

7 日本列島の地質

現在、東アジアの大陸縁に弧状列島として存在している日本列島は、数千万年前まではユーラシア大陸の一部であった。そのような場所から、現在の日本列島に至るプロセスとして、「付加体」と「背弧海盆拡大」、そして「島弧衝突」という3つの現象が重要である。

1. 日本列島の骨格

日本列島で最古の岩石として岐阜県の上麻生礫岩のなかの変成岩礫が知られている。1985Ma[1] を示す変成岩のRb-Sr年代が原岩である花崗岩の定置年代とみられている[2]。また、富山県宇奈月地域の花崗岩から3750MaのU-Pb年代を示すジルコンが見出されている[3]。さらに、250Ma頃の岩石が日本海側に分布しており、岩石の種類などから、現在の中国大陸を形成している揚子地塊や中朝地塊との関連が議論されており、特に揚子地塊との関連が強いと考えられている。

今から約6～7億年前に超大陸ロディニアがスーパープルームによって分裂し、南中国(揚子地塊) と北アメリカ(ローレンシア地塊) の間に、古太平洋が誕生した。このときの揚子地塊の海側の地質帯が日本列島の「種」となったと考えられている。

その後、約5億年前までに超大陸ゴンドワナが形成されるが、揚子地塊にはゴンドワナ形成期の造山運動の痕跡がないので、ゴンドワナには取り込まれなかったと考えられている。一方、この頃、古太平洋のローレンシア地塊や揚子地塊への沈み込みが始まり、後に日本列島になる部分で火成活動が活発になった。それ以降、古日本列島の周辺では沈み込むプレートによる火成活動と「付加作用」が生じ、海側に向かって成長していった。

(1)MaはMegaannum agoの略で百万年前。
(2) Shibata and Adachi, 1974, Earth and Planetary Science Letters, 21, 277-287.
(3) Horie et al., 2010, Precambrian Research, 183, 145-157. ジルコンを含む花崗岩の形成年代自体は、ペルム紀から三畳紀と分析されている。

2. 付加作用

太平洋側の九州・沖縄から房総半島にかけて広く分布する、四万十帯とよばれる地層を観察すると、厚いタービダイトとメランジュとよばれる地層が特徴的に分布することがわかる。

タービダイトとは海底地すべりなどで発生した乱泥流が堆積した「乱泥流堆積物」である（図 5-1）。普段は泥しか堆積しないような深海に、地すべりなどによって、より浅い場所にある砂などが運ばれて堆積し、深海扇状地などとして形成された地層である。

メランジュとは卵白をかき混ぜたりする「メレンゲ」と同じ語源で、「かき混ぜられたもの」「ごちゃごちゃの」といった意味である。厚いタービダイトの地層に挟まれて、玄武岩や石灰岩・チャート・頁岩などの岩石・地層が分布する（図 5-2）。このような岩石類が、タービダイトのなかにごちゃごちゃに分布するような産状を「メランジュ」と称する。

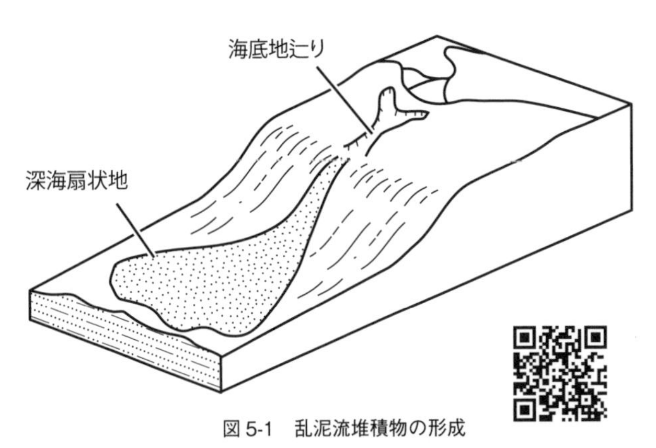

図 5-1　乱泥流堆積物の形成

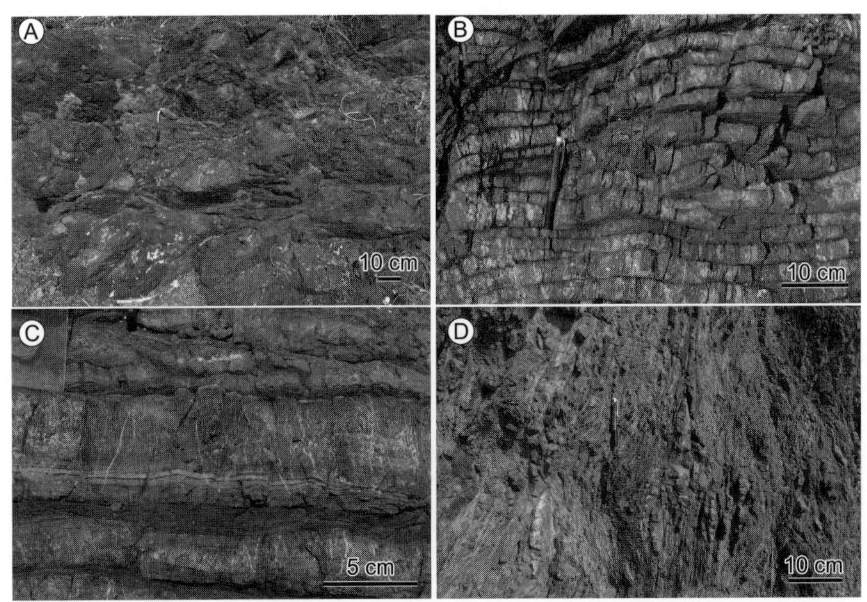

図 5-2　四万十帯のメランジュ

(A) 玄武岩、(B) 層状チャート、(C) 火山灰を含む多色頁岩、が (D) のような剪断帯の中に取り込まれている。
高知県芸西村西分漁港周辺にて撮影。

このようなタービダイトとメランジェが四万十帯を特徴づけている。このような地質構造の成因は現在の四国沖での観察から推定することができる。

深海掘削により四国沖の南海トラフではタービダイトが非常に厚く、何枚も発達していることがわかった。このタービダイト層には、淡水にすむような生物の化石や植物の欠けらに混じって、伊豆半島や箱根の火山と似た化学組成の火山噴出物が含まれていた。このことから、タービダイトは、遠く伊豆半島周辺からもたらされたと推定される。南海トラフを東に追うと、静岡県のあたりで駿河トラフと名を変え伊豆半島の西側に到達する。そこには南アルプスを源流とする富士川が流れ込んでいる。このことから、「富士川によって南アルプスを源として運ばれた砂が、駿河トラフを経て、南海トラフに至った」と推定されている（平、1990）。

さらに南海トラフ沿いの地層の変形がメランジュの成因解明の鍵となった。人工地震波探査による地質構造の調査結果によると、1つ1つの層が途中で褶曲したり途切れたりしている。地層が途切れている部分には逆断層、それも角度の低い、衝上断層が発達している。これは、海溝沿いに堆積したタービダイトがプレートの沈み込みに伴って陸側に押し付けられ、逆断層によって剝ぎ取られてゆく様子を示していると考えられている。

メランジュの枕状玄武岩・石灰岩・チャート・頁岩といった組み合わせは、海洋地殻上部の地層の組み合わせと整合的である。このことから「メランジュはかつての海洋地殻の断片である」と推定されている（図5-3）。海溝付近でタービダイトとメランジュの岩石・地層は衝上断層によって剝ぎ取られ、大陸側に付加したのであろう。このように海溝付近で堆積物や海洋地殻の岩石が剝ぎ取られ陸側に押し付けられて積み重なっていく作用のことを「付加作用」とい

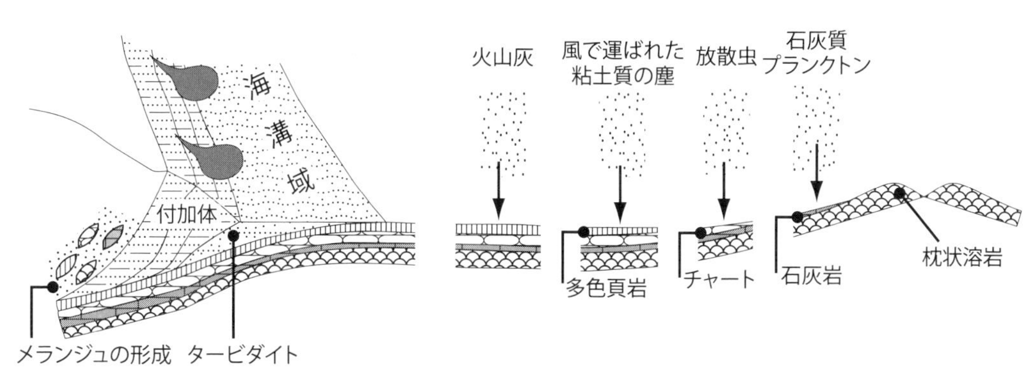

図5-3　メランジュの元となる海底の岩石の形成の模式図

中央海嶺で作られた玄武岩の上に、石灰岩・チャート・多色頁岩が順に堆積し、海溝付近でタービライトと一緒になり、メランジュを形成する。平（1990）などを参考に作成。

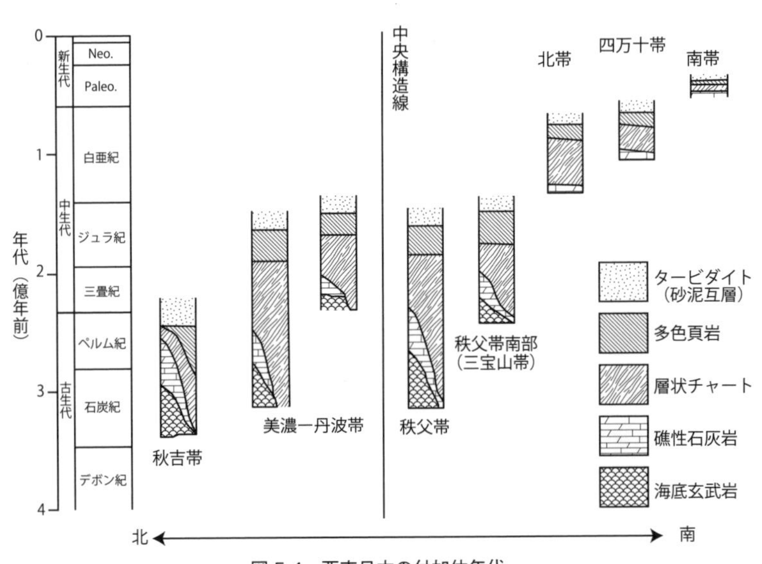

図 5-4　西南日本の付加体年代

平（1990）、Taira（2001）を参考に作成。

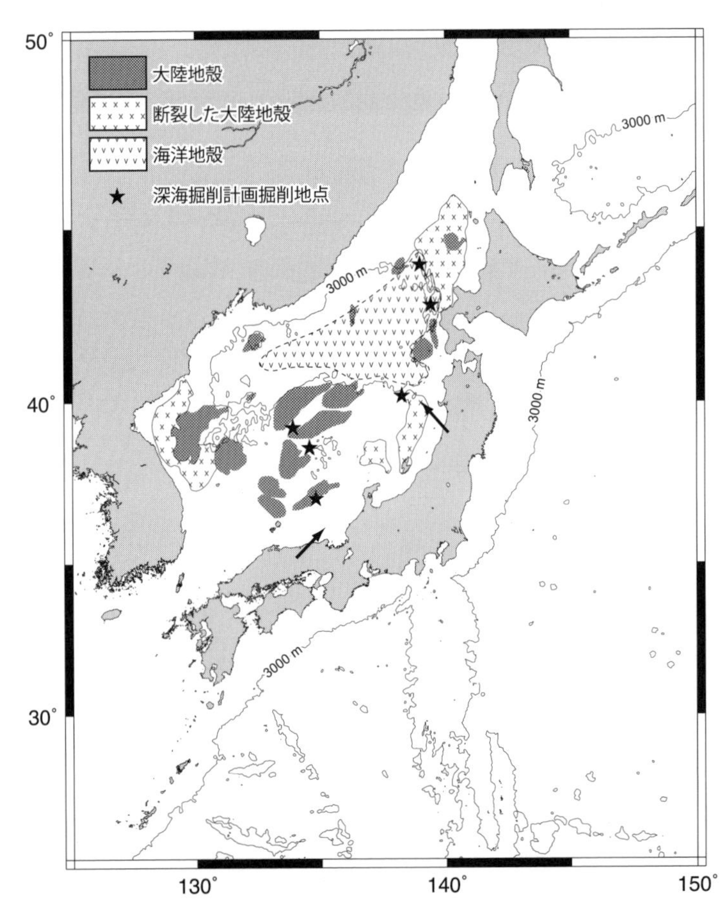

図 5-5　日本海海底の岩石の分布と日本列島の中新世頃の古地磁気方位

Tamaki（1985）、Otofuji et al.（1985）、高橋（2006）などに基づいて作成。

い、その作用によってできた地質帯のことを「付加体」とよぶ。四万十帯だけではなく、西南日本の多くの地質帯がメランジュとタービダイトで構成されており、西南日本の地質帯は、2億年ほど昔から付加作用によって形成されてきたと推定されている（図5-4）。

3. 背弧海盆と日本海の形成

数億年間にわたって、付加作用によって成長してきた日本列島は、約3,000万年前に大陸からの分裂を開始したと考えられている。古地磁気測定の結果から、西南日本は時計回りに、東北日本は反時計回りに回転したことが判明した（図5-5）。このような移動・回転は3,000万年前から1,500万年前に生じたと推定されている。

太平洋や大西洋、インド洋といった大洋に付随する小さな海洋のうち、大陸の外縁に位置し、島や半島で不完全に区画された海洋の一部を縁海（えんかい）[(4)] とよぶ。日本海やオホーツク海、北海などが縁海である。縁海のうち、沈み込み帯の火山フロントよりも後ろ側（背弧）に位置する縁海のことを背弧海盆（はいこかいぼん）[(5)] とよぶ。

(4) 英語では marginal seaとよぶ。
(5) 英語では back-arc basinとよぶ。

琉球弧の背弧海盆である沖縄トラフ、東北日本弧の背弧海盆である日本海、伊豆・小笠原弧の背弧海盆である四国海盆など、日本列島の周辺には多くの背弧海盆が存在する。

日本海も背弧海盆拡大によって形成された（図5-6）。ただし、背弧海盆拡大によって海洋地殻（玄武岩）が形成されたのは北側の日本海盆だけであり、南側の大和海盆や対馬海盆では、朝鮮半島や中国大陸に繋がる大陸地殻が薄く引き延ばされた段階で活動が停止してしまったことが地質調査から判明している（図5-7）。また大和堆など日本海南部の高まりは分裂した大陸地殻であろうと考えられている。

なぜこの時期に背弧海盆拡大が起こったのか、という疑問にはまだ明確な解答がない。それでも約3,000万年前から、アジア全体に北西―南東方向の引っ張りの力が働いていることは判明している（図5-7）。このような広域的な力によって日本海の拡大が起こったと考える研究者もいる。

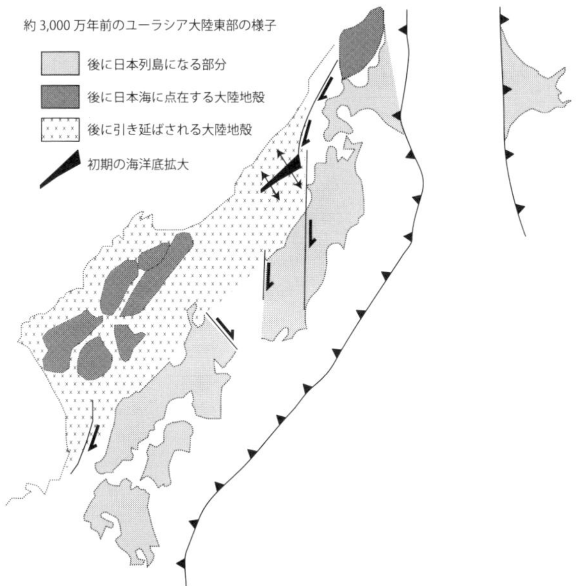

図5-6 約3,000万年前の日本海拡大前のユーラシア大陸東部の様子

Jolivet et al.（1994）を参考に作成。

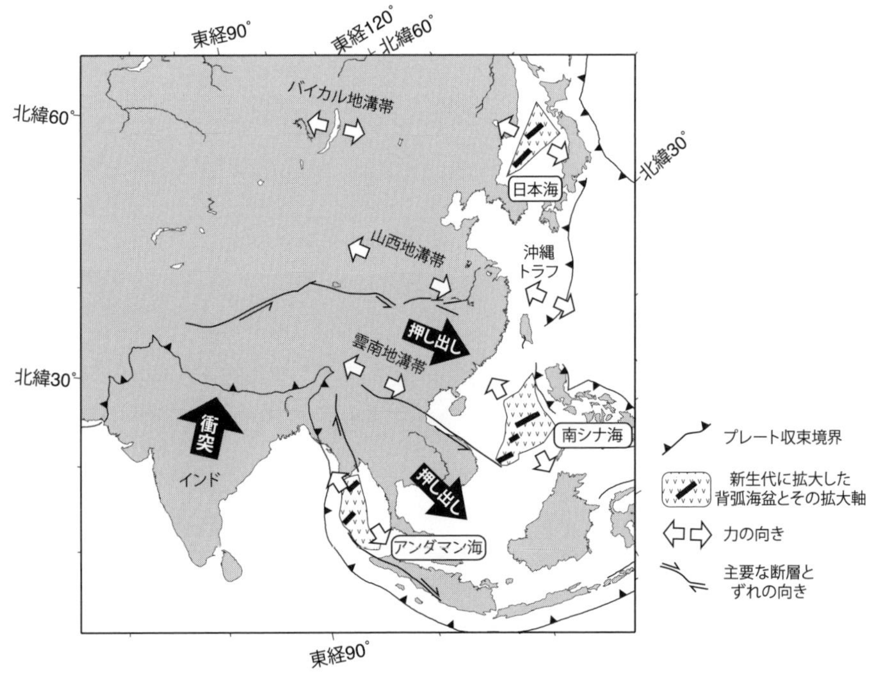

図 5-7　東アジアのテクトニクスの模式図

インドのユーラシア大陸への衝突により、東アジア・東南アジアは東へ追い出され、内部では引っ張りの力が働くこととなった。Tamaki (1988)、Tapponnier et al. (1982) に基づいて作成。

4. 伊豆半島の衝突

フィリピン海プレートは北西に移動しているので、過去に遡ると伊豆半島が日本列島から離れることになる。伊豆半島はフィリピン海プレートの移動とともに日本列島に衝突した地塊の1つと考えられている。

伊豆半島は伊豆・小笠原弧の北端に位置し、火山などが多数発達している。伊豆・小笠原弧は、周囲の四国海盆などに比べて高く（水深が浅く）なっている。これは、この場所が現在の火山活動の中心であり、温められて軽くなっていることを意味する。さらに伊豆・小笠原弧の地下の中部地殻に相当する部分には花崗岩質の地殻が形成されていると考えられており、このことも周囲の玄武岩質の海洋地殻に比べて高くする要因となっている。このような軽い高まりはプレートの沈み込みの際に沈み込めずに、相手側のプレートに衝突する。

丹沢地塊は約600万年前に日本列島に衝突した。丹沢地塊が日本列島の下に沈み込めずに、その後ろ側にプレートの境界がジャンプした。さらに100万年前には伊豆半島が衝突した。伊豆半島は現在、日本列島を押している状況であるが、屈曲しているプレート境界はじきに伊豆半島と伊豆大島の間にジャンプ

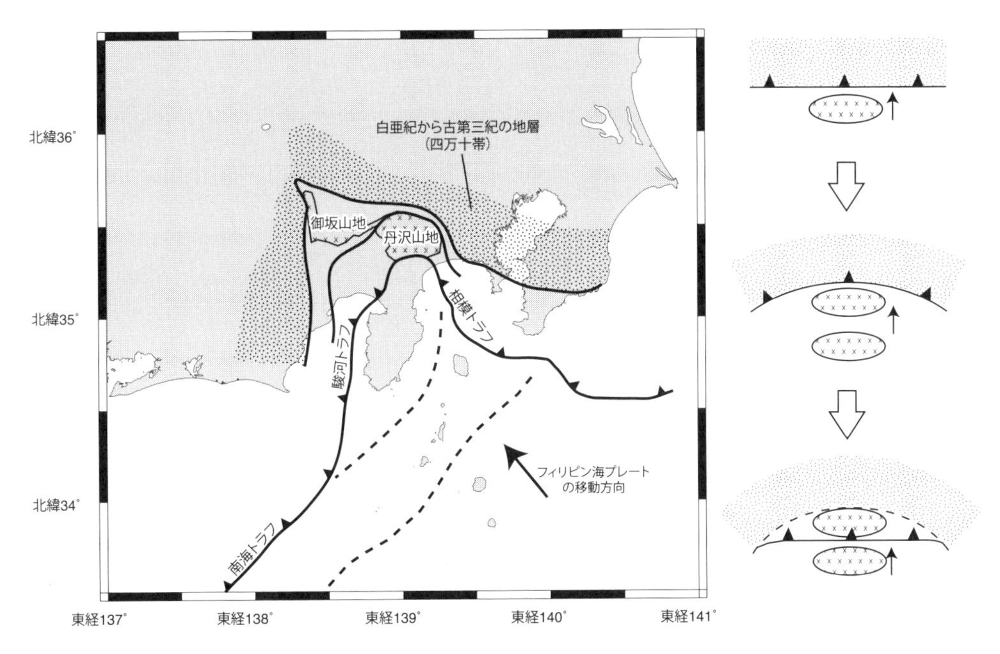

図 5-8　伊豆半島の衝突と現在の様子

御坂山地、丹沢山地、伊豆半島と衝突することにより、本州側のより古い地層が曲げられた。
平（1990）などに基づいて作成。

すると考えられている (図 5-8)。

2　比較惑星学――地球はなぜ地球になったのか？

地球型惑星である水星・金星・火星の諸要素を地球・月とともに、表 5-1 に示した。また、惑星内部の模式的な断面図を図 5-9 に示した。

地球型惑星である地球と水星・火星・金星は太陽系形成のほぼ同時期に同じようなプロセスで作られたと考えられているが、現在の姿は大きく異なっている。このような違いは、惑星誕生以降 46 億年の歴史の違いを反映しており、地球と地球以外の惑星を比較することによって、地球がなぜ地球になったのか？　という問いに答えることが可能となる。さらに、地球のような惑星が形成される条件を明らかにすることで、太陽系以外の惑星の環境を推定することも可能となる。

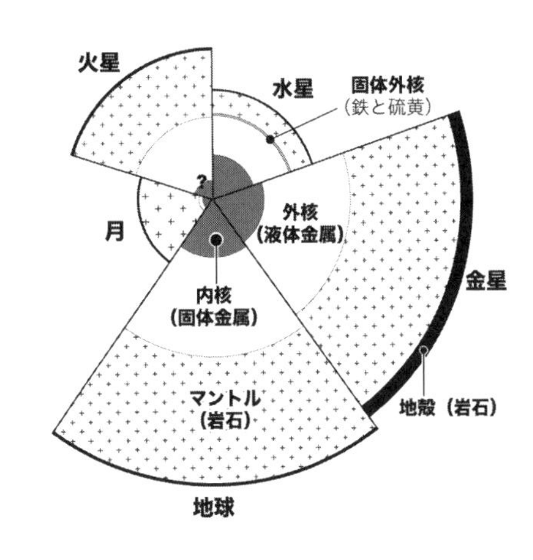

図 5-9　地球型惑星の内部構造の模式図

本書で引用した研究結果に基づく。

表 5-1　地球型惑星の諸要素の比較
（理科年表プレミアム（Web 版）、NASA ホームページなどを参考に作成。）

項目	惑星名 / 単位	水星 Mercury	金星 Venus	地球 Earth	月 Moon	火星 Mars
軌道長半径	億 km	0.579	1.082	1.496	–	2.279
	天文単位	0.3871	0.7233	1	–	1.15237
赤道半径	km	2439.7	6051.8	6378.1	1738	3396.2
	地球を 1 とする	0.383	0.949	1	0.272	0.532
重力加速度	m/s^2	3.7	8.87	9.82	1.62	3.73
	地球を 1 とする	0.38	0.90	1	0.17	0.38
質量	10^{24} kg	0.3301	4.8673	5.9722	0.0734	0.6417
	地球を 1 とする	0.0553	0.8150	1	0.0123	0.1070
密度	g/cm^3	5.43	5.24	5.51	3.34	3.93
	地球を 1 とする	0.985	0.951	1	0.606	0.714
衛星の数	個	0	0	1	–	2
惑星磁場の有無		有	無	有	無	無

1. 水　星

水星は赤道半径約 2,440km の太陽系最小の惑星である。太陽に一番近い軌道を周回しており、地球から見ると太陽から約 28 度以上離れて見えることはない。

1970 年代に NASA のマリナー 10 号が探査して以来、探査機による直接の観測は途絶えていたが、2004 年に NASA の探査機メッセンジャー（MESSENGER）が打ち上げられ、2015 年まで観測を行った。また、2018 年には JAXA と欧州宇宙機関の共同プロジェクトの水星探査計画（ベピ・コロンボ）を担う探査機が打ち上げられた。探査機の観測によれば、表面は多数のクレーターに覆われている。

メッセンジャーの観測結果から、水星の表面の岩石は、月の高地[6]に特徴的な斜長石は少なく、玄武岩よりも Mg に富む組成を示す（Nittler et al., 2011）。また、北半球の高緯度域には洪水玄武岩に似た玄武岩よりも Mg に富む組成の溶岩流が流れた痕跡も確認されている（Head et al., 2011）。水星の重力の観測から、水星の内部には鉄と軽元素（硫黄もしくは珪素）の合金で構成される核があり、液体の金属からなる外核と固体の内核で構成されることがわかった（Genova et al., 2019）。水星の核は惑星のサイズに比べて大きく（図 5-9）、内核のサイズも大きく、地球の内核が直径 2,600km 程度なのに対し、約 2,000km と地球の内核とほぼ同程度のサイズとなっている。

(6)　月を見た時に明るく見える領域のことで、クレーターが多い。暗い部分（うさぎが餅をつく姿に見える領域）は月の海とよばれる。

2. 金　星

金星は赤道半径約 6,052km と、地球とほぼ似たサイズの惑星である。太陽から約 1 億 km 離れた軌道を周回している。「明けの明星」や「宵の明星」として知られ、明け方や夕方の空に一際輝いて見えるが、太陽から約 48 度以上離れて見えることはない。

NASA などの惑星探査衛星の調査に基づくと、金星では低地（平原）が広がっており、アフロダイテ高地などの高まりもあるが、標高の差は小さいことがわかる（図 5-10）。クレーターの分布に基づくと、現在観察される金星の表面は約 3 ～ 10 億年前にほぼ一度に形成されたと考えられる（Smrekar et al., 2018）。平原を構成している岩石は、地球の海底を構成しているような中央海嶺で作られた玄武岩に近い化学組成であるとの報告もある。金星では惑星磁場が観測されていない。地球のような液体金属鉄の外核が存在しない、金星の自転が極めて遅いため外核の対流が磁場を形成するほどの対流を起こしていないなど、さまざまな理由が考えられているが、決着はついていない。金星のユニモーダルな高度分布（図 5-11）と惑星表面に観察される地形から、金星の地形の大部分はプルームのような大規模火山活動によって形成されたと考えられている。特に、コロナとよばれる直径 60 ～ 2,000 km の巨大な円環状地形は金星を特徴づける地形であり、プルームとリソスフェアの相互作用によって作られたと考えられている（Gülcher et al., 2020; 2023）。特に活動中と考えられるコロナは金星の南半球に帯状に分布しており（Gülcher et al., 2020）、金星内部でプルームがどのように形成され、どのようにして金星表面に上昇してきたのかを解決するための鍵になると考えられる。

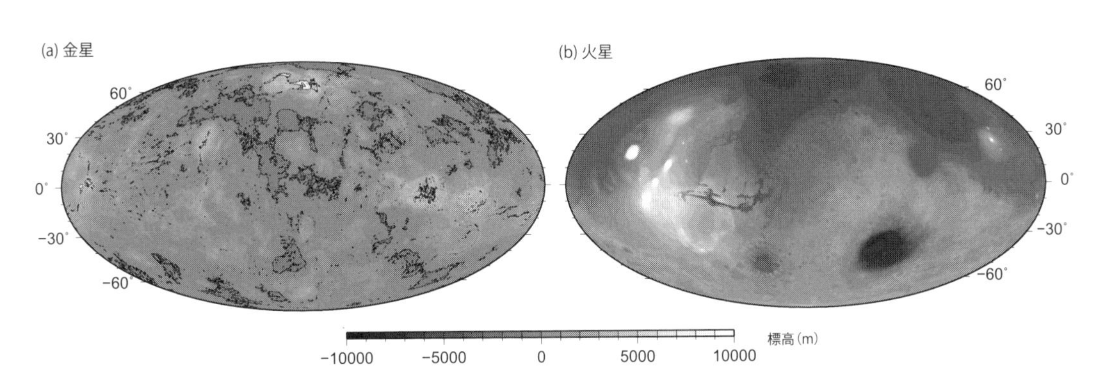

図 5-10　地球型惑星（金星と火星）の地形の様子

(a) 金星の地形。探査機マゼランの地形データに基づく。高度 5,000m と 10,000m の等高線を細黒線でしめす。高度は金星の平均半径（6,052km）からの高さ。(b) 火星の地形。探査機の地形データをコンパイルしたものに基づく。高度は火星の基準面（摂氏 0.01℃での大気圧が 610.5Pa ＝ 0.006 気圧になる高度）からの高さ。

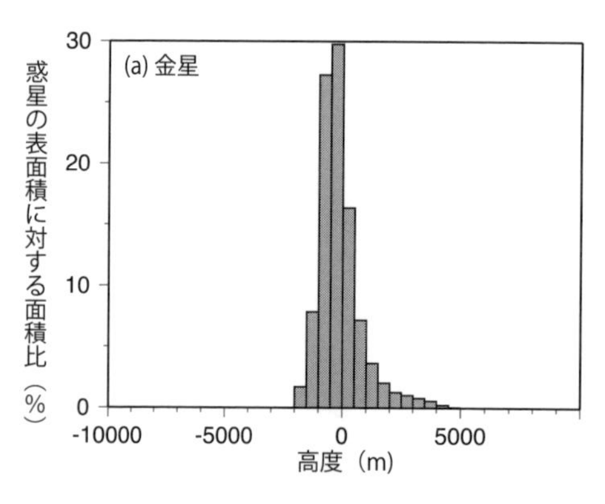

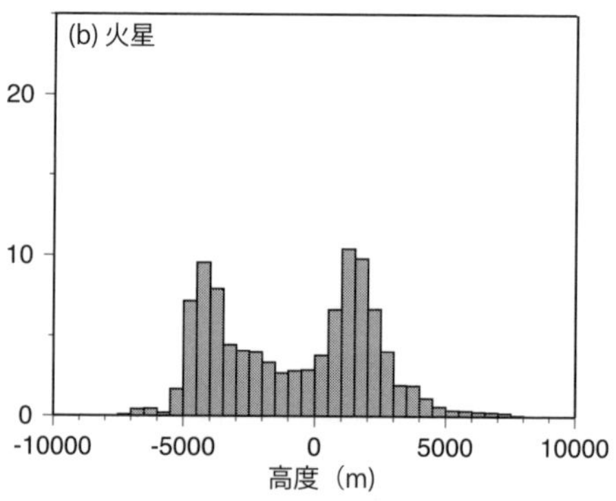

図 5-11　地球型惑星（金星と火星）の高度分布

(a) 金星の高度分布。(b) 火星の高度分布。
データは図 5-9 で用いたものと同じ。

3. 火　星

火星には北半球でクレーターの少ない低い地形が広がっているが、南半球ではクレーターの多い、比較的標高の高い地形が広がっている（図 5-10）。低緯度付近の一部には直径 700km を越すオリンポス火山に代表される火山が点在している。これらの火山は、数億年ごとに活動しているようであり、地球上の中央海嶺や沈み込み帯とは異なる、プルームによる間欠的な火山活動が示唆される。

火星の高度分布を図 5-11 に示した[(7)]。地球は海洋地殻と大陸地殻という 2 つの異なる地殻の形成過程を反映し、バイモーダルな分布であった。火星の高度分布も地球に似たバイモーダルな分布となっている。しかしながら、この分布はプレートテクトニクスを反映しているというよりは、南北での標高の違いを強く反映しているようである。最近の火星探査機による観察から、水などの液体が存在していたと考えられる地形もみつかっている。これらの結果から、火星にも約 30 億年前までは液体の水があったと考える研究者は増えてきている。そうであれば、おそらくプレートテクトニクスも働いており、その当時は地球と変わらない様子であったと考える研究者もいる。高度分布の幾分かは、そのような古い時代のテクトニクスを反映したものかもしれない。しかし、火星は地球に比べて小さいために、内部がより早く冷却してしまい、惑星表面の水が惑星内部に閉じ込められ、プレートテクトニクスが作用しなくなったと考えられる。その後は、惑星内部に蓄えられた熱によって、時折、プルームの活動が生じ、オリンポスのような火山が作られたと推定されている。

最近、火星に着陸した探査機に搭載された地震計が火星の地震（火震：Marsquake）を捉えた[(8)]。探査機インサイト（InSight）は着陸した 2018 年から

(7)　地球の高度分布は第 1 章図 1-3 参照。

(8)　現在の火星は地球のようなプレートテクトニクスが働いていないので、第 3 章で学んだような地震のメカニズムではなく、火星表面への隕石衝突による揺れである。

2022年までの間に100を超える火震を観測し、火星の内部構造の推定が可能となった。特に、2021年9月の隕石衝突は探査機のちょうど反対側で生じたため、火星の核を通過してきた火震波を捉えた（Weiz, 2023）。解析結果によると、火星は地球と同じように、地殻、マントル、核からなる層構造をしている。解析の不確実さはあるものの、探査機着地地点直下の地殻の厚さは20～40 kmと見積もられ、その値を火星全体に外挿すると24～72 kmという厚さが計算される（Knapmeyer-Endrun et al., 2021）。また、研究グループによって計算結果が異なるものの核の半径は1650±20～1675±30 kmであり、密度は6.5～6.65g/cm^{3}と求められている（Samuel et al., 2023; Khan et al., 2023）。核の上部には密度約4g/cm^{3}の融けた珪酸塩の層が約150 kmの厚さで分布しており、これが火星のプルーム活動を関連しているとの指摘もある（Khan et al., 2023）。

引用文献・参考文献

〈第１章〉

Beyreuther, M. et al.（2010）*Seismological Research Letters*, 81.

Dziewonski, A. M. & Anderson, D. L.（1981）*Physics of the Earth Interiors,* 25, 297-356.

J. W. バレー（2006）「原始の地球はすぐ冷えた？」『日経サイエンス』2006 年 2 月号

Kennet, B.L.N. & Engelahl, E. R.（1991）*Geophysics Journal International*, 105, 429-465.

Mörner, N.-A.（1980）The Fennoscandian Uplift: Geological Data and Their Geodynamical Implication. In Mörner, N.-A.（ed.）*Earth Rheology, Isostasy and Eustasy*, 251-284, John Wiley & Sons（(London）.

Müller, R.D., Roest, W.R., Royer, J.-Y., Gahagan, L. M. & Sclater, J. G.（1997）*Journal of Geophysical Research*, 102, 3211-3214.

中川義次（2010）日本物理學會誌、65、787-791

西村祐二郎・鈴木盛久・今岡照喜・高木秀雄・金折裕司・磯崎行雄（2010）『基礎地球科学（第二版）』朝倉書店

杉村新・中村保夫・井田喜明編（1988）『図説地球科学』岩波書店

平朝彦（2001）『地質学１　地球のダイナミックス』岩波書店

〈第２章〉

Catuneanu, O. et al.（2005）*Journal of African Earth Sciences*, 43, 211-253.

Holmes, A.（1944）*Principles of Physical Geology*, Thomas Nelson & Sons.（上田・貝塚・兼平・小池・河野訳『一般地質学』東京大学出版会）

泉紀明ほか（2013）海洋情報部研究報告, 50,126-139.

河野長（1986）『地球科学入門―プレートテクトニクス』岩波書店

Matthews, K.J. et al.（2016）*Global and Planetary Change*, 146, 226-250

Matuyama, M.（1929）*Proceedings of the Imperial Academy of Japan*, 5, 203-205.

都城秋穂・紫藤文子訳（1981）『大陸と海洋の起源（上）（下）』岩波文庫

Müller, R. D. et al.（2018）*Geochemistry, Geophysics, Geosystems*, 19, doi:10.1029/2018GC007584.

中村一明（1983）地震研究所彙報, 58, 711-722.

Ogawa et al.（1989）*Tectonophysics*, 160, 135-150

岡村行信・宮下由香里・内出 崇彦（2019）GSJ 地質ニュース, 8（8）, 199-203.

Sauer, J. D.（1988）*Plant Migration: The Dynamics of Geographic Patterning in Seed Plant Species*. University of California Press. http://ark.cdlib.org/ark:/13030/ft196n99v8/

瀬野徹三（1995）『プレートテクトニクスの基礎』朝倉書店

The Shipboard Scientific Party（1970）Summary and Conclusions. In Maxwell, A. E. et al., *Initial Reports of the Deep Sea Drilling Project, Volume III.* U.S. Government Printing Office, doi:10.2973/dsdp.proc.3.113.1970

上田誠也（1989）『プレートテクトニクス』岩波書店

Vine, F.D.（1966）*Science*, 154, 1405-1415.

Vine, F. J. & Matthews, D. H.（1963）*Nature*, 4897, 947-949.

〈第３章〉

石橋克彦（1994）『大地動乱の時代――地震学者は警告する』岩波新書 350

伊藤和明（2005）『日本の地震災害』岩波新書 977

菊池正幸編（2002）『地球科学の新展開２　地殻ダイナミクスと地震発生』朝倉書店

寒川旭（2007）『地震の日本史』中公新書 1922

松田時彦（1975）地震第２輯、28、269-283

松田時彦（1995）『活断層』岩波新書 423

行谷佑一・佐竹健治・宍倉正展（2011）活断層・古地震研究報告書、第 11 号、107-120

岡田義光（2012）防災科学技術研究所主要災害調査、第48号、1-14
Utsu, T.（1969）*Journal of the Faculty of Science, Hokkaido University*, Ser. VII, 3, 121-195.
八木勇治（2011）「2011年3月11日東北地方太平洋沖地震（Ver.4）」http://www.geol.tsukuba.ac.jp/~yagi-y/EQ/Tohoku/
地震の情報については、気象庁ホームページ　http://www.jma.go.jp/ が非常に参考になる。

〈第4章〉
Becker, T. W. & Boschi, L.（2002）*Geochemistry Geophysics Geosystems*, 3, doi:10.1029/2001GC000168.
Clague, David A. & G. Brent Dalrymple（1987）The Hawaiian-Emperor volcanic chain. part I. Geologic evolution. In *Volcanism in Hawaii*, 1, 5-54.
Courtillot, V., Davaille. A., Besse, J., & Stock, J.（2003）*Earth and Planetary Science Letters,* 205, 295-308.
Hoernle, K., Rohde, J., Hauff, F. et al.（2015）*Nat Commun* 6, 7799, https://doi.org/10.1038/ncomms8799
池谷浩（2003）『火山災害』中公新書 1683
鎌田浩毅（2004）『地球は火山が作った―地球科学入門』岩波ジュニア新書 467
鎌田浩毅（2007）『火山噴火―予知と減災を考える』岩波新書 1094
中村一明（1989）『火山とプレートテクトニクス』東京大学出版会
岡田義光（2011）防災科学技術研究所研究報告、第78号、25-38.
巽好幸（1995）『沈み込み帯のマグマ学――全マントルダイナミクスに向けて』東京大学出版会
火山の情報については、気象庁ホームページ http://www.jma.go.jp/ が非常に参考になる。

〈第5章〉
Genova, A., Goossens, S., Mazarico, E., Lemoine, F. G., Neumann, G. A., Kuang, W., et al.（2019）. *Geophysical Research Letters*, 46, 3625–3633.
Gülcher, A. J. P. et al.（2020）*Nature Geoscience*, 13, 547–554.
Gülcher, A. J. P. et al.（2023）*Journal of Geophysical Research: Planets*, 128（11）, e2023JE007978.
Head et al.（2011）*Science*, 333（6051）, 1853-1856.
Jolivet, L., Tamaki, K. & Fournier, M.（1994）*Journal of Geophysical Research*, 99, B22237-22259.
Khan, A. et al.（2023）*Nature*, 622（7984）, 718–723.
Knapmeyer-Endrun, B. et al.（2021）*Science*, 373（6553）, 438–443.
Nittler et al.（2011）*Science*, 333（6051）, 1847-1850.
Otofuji, Y., Matsuda, T. & Nohda, S.（1985）*Nature,* 317, 603–604.
Samuel, H. et al.（2023）*Nature*, 622（7984）, 712–717.
Smrekar, S. E., Davaille, A., & Sotin, C.（2018）*Space Science Reviews*, 214, 88.
Taira, A.（2001）*Annual Review of Earth and Planetary Sciences*, 29, 109-134.
高橋雅紀（2006）地質学雑誌、112、14-32.
Tamaki, K.（1985）*Geology*, 13, 475-478.
Tamaki, K.（1988）*Bulletin of the Geological Survey of Japan*, 39（5）, 269-365.
Tapponnier, P., Peltzer, G., Le Dain, A. Y., Armijo, R. & Cobbold, P.（1982）*Geology*, 10, 611-616.
Witze, A.（2023）*Nature*, 623（2 November 2023）, 20.

《著者紹介》

佐藤　暢（さとう　ひろし）

青森県八戸市生まれ。

1993年筑波大学第一学群自然学類卒業、1998年筑波大学大学院地球科学研究科修了。博士（理学）。東京大学海洋研究所（現　大気海洋研究所）研究員を経て、2003年専修大学経営学部に講師として着任。2015年より同教授。

専門：海洋底科学（特に海洋底岩石学、テクトニクス）

著書：『人間と自然環境の世界誌　知の融合への試み』（専修大学出版局、2017年、共編著）

主な論文：

『The Conrad Rise Revisited: Eocene to Miocene Volcanism and Its Implications for Magma Sources and Tectonic Development』（Journal of Geophysical Research: Solid Earth、2024年、共著）、『Unradiogenic lead isotopic signatures of the source mantle beneath the southernmost segment of the Central Indian Ridge』（Lithos、2022年、共著）、『Petrology, geochemistry, and geochronology of plutonic rocks from the present Southwest Indian Ridge: Implications for dropstone distribution in the Indian Ocean』（Polar Science、2021年、共著）

〈新版〉地球の科学――変動する地球とその環境〈I〉

2024年 4 月30日　初　版　第1刷発行

著　者　佐藤　暢
発行者　木村慎也

・定価はカバーに表示　　印刷・製本　モリモト印刷

発行所　株式会社　北樹出版

http://www.hokuju.jp

〒153-0061　東京都目黒区中目黒 1-2-6
TEL：03-3715-1525（代表）　FAX：03-5720-1488

ISBN　978-4-7793-0754-6